Berichte des Versuchsfeldes für Werkzeugmaschinen an der Technischen Hochschule Berlin
Herausgegeben von Prof. Dr.-Ing. Georg Schlesinger, Charlottenburg. Heft V

# Untersuchung einer Wagerecht-Stoßmaschine mit elektrischem Einzelantrieb und Riemenzwischengliedern

Von

Dr.-Ing. G. Schlesinger
Professor an der Technischen Hochschule zu Berlin

und

Dr. techn. M. Kurrein
Privatdozent an der Technischen Hochschule zu Berlin

Mit 108 Textfiguren und 15 Zahlentafeln

Springer-Verlag Berlin Heidelberg GmbH 1921

ISBN 978-3-662-42262-5    ISBN 978-3-662-42531-2 (eBook)
DOI 10.1007/978-3-662-42531-2

# BERICHT V
## DES VERSUCHSFELDES FÜR WERKZEUGMASCHINEN AN DER TECHNISCHEN HOCH=
## SCHULE BERLIN.

Die Umwandluhg kreisender Antriebsbewegungen in hin- und hergehende ist eine bei der Werkzeugmaschine besonders schwierige Aufgabe, weil es gilt, nicht nur die Stoßwirkung beim Hubwechsel auf ein Geringstmaß herunterzudrücken, sondern die Stoßzeit, das ist den Hubwechsel selbst trotzdem so klein wie möglich zu halten, endlich die Schnittgeschwindigkeit selbst, wenn möglich, völlig gleichförmig über die ganze Schnittzeit zu gestalten.

In diesen Forderungen liegen nun Bedingungen, die sich geradezu widersprechen, harte Stöße von Massen lassen sich nur durch Verlängerung der Stoßzeit mildern. Verlängerung der Stoßzeit, das ist des Verzögerungsabschnittes, dem dann ein gleichlanger Beschleunigungsabschnitt folgt, bedeutet aber Zeitverlust, und jeder Zeitverlust vermindert den Wirkungsgrad der Werkzeugmaschine; er muß also kleinstmöglich gestaltet werden. Da sich der harte Stoß bei der Wagerecht-Stoßmaschine (Shapingmaschine) mit gleichförmiger Schnittgeschwindigkeit nicht vermeiden läßt — es prallt der harte Stößelanschlag mit voller Geschwindigkeit auf den ruhenden harten Steueranschlag, an dem die umzusteuernde Masse sitzt —, so mußten alle Mittel geprüft werden, die hier zur Stoßmilderung herangezogen werden können, wie Verringerung der Massen, ihre richtige Anordnung, Einschaltung von Kraftspeichern wie starken Federn, die dann allerdings aus dem harten den elastischen Stoß bei Verlängerung des Stoßweges machen.

Mit voller Absicht wurde hier daher von der Untersuchung der Kulissen-Stoßmaschinen — mit schwingender oder kreisender Schwinge — abgesehen, weil bei diesen der Hubwechsel infolge des Kurbelantriebes ohnedies stoßlos erfolgt, aber gleichzeitig auch keine gleichbleibende Schnittgeschwindigkeit erreichbar ist. Die gewählte Wagerecht-Stoßmaschine hatte Zahnstangenantrieb mit umgesteuertem Reibkegel (Hendeytyp); ihre Durcharbeit ist gleichzeitig als Vorarbeit für die Langhobelmaschinen anzusehen.

Die Untersuchungen umfassen einen Zeitraum von rund 12 Jahren, in denen nach und nach die Erfahrungen gesammelt wurden, die, wie ich hoffe, zur nunmehr lückenlosen Lösung der gestellten Aufgabe geführt haben. Alle Versuche wurden in ganz verschiedenen Jahren und mit verschiedenen Versuchsanstellern gemacht, so daß gegenseitige Kontrollen bei der endgültigen Auswertung leicht gemacht werden konnten. Sie beziehen sich auf die Antriebsenergie, ihre Überleitung in die Maschine; den Stoßfang am Motor, an den Riemen, an den Antriebsscheiben und an den Anschlägen; auf die zweckmäßige Größe der Massen und ihre richtige Verteilung; auf die Gleichförmigkeit der Schnittgeschwindigkeit und auf die Verluste während der Beschleunigungs- und Verzögerungsabschnitte; endlich auf die Messung der Schnittkräfte bei der Spanarbeit und den Vergleich der an der Meißelschneide verfügbaren Energie mit der in den Motor hineingeschickten. Damit wird die Bilanz der Maschine, verfolgt vom Stromeintritt an den Polklemmen des Motors durch alle Mechanismen hindurch bis zum abgetrennten Span möglich, unter Aufstellung der oft recht verwickelten inneren Vorgänge, um die sich der Werkstattpraktiker, für den die Werkzeugmaschine nur ein Maschinenwerkzeug vorstellt, nicht kümmert, die aber für den Konstrukteur von großem Interesse und praktischem Wert sind.

Der Elektromotor allein läßt sich als roher Meßapparat für Bruttoleistungen wohl verwenden, für eine Beurteilung der Werkzeugmaschine in ihren wichtigen Aufbauelementen kommt er, entgegen der herrschenden Meinung, überhaupt nicht in Frage.

Ich habe bei diesen Untersuchungen, wie bei allen Arbeiten an Werkzeugmaschinen im Versuchsfeld an dem Vorsatz festgehalten, die Maschine selbst so zu nehmen, wie sie ist, möglichst gar nichts an ihr zu ändern oder doch nur solche Abänderungen zu treffen, die zur Versuchsanstellung unentbehrlich sind, aber den Charakter der Maschine unangetastet lassen. Nur dann fällt der Streit über die Zulässigkeit baulicher Veränderungen fort, die Praxis kann die Ergebnisse ohne jede Umrechnung für ihre künftigen Berechnungen und Konstruktionen übernehmen, die Versuche auch nachprüfen und sich jedenfalls vertrauensvoll auf sie stützen.

Die Verwendung der unabgeänderten Maschine aber und der harmonische Einbau der Meßapparatur in diese verlangt in allen Fällen eine oft äußerst schwierige konstruktive Arbeit, deren Ergebnis um so befriedigender ist, je einfacher, unauffälliger und selbstverständlicher die Konstruktion hinterher aussieht. Diese nachträgliche Einbaumöglichkeit geschaffen zu haben, betrachte ich geradezu als ein wesentliches Ziel unserer Arbeiten. So erklärt sich die Langwierigkeit (mehr als 12 Jahre) der Versuche, die wohl den Namen der Pionierarbeit verdienen; denn Vorbilder haben wir nirgends gefunden, es mußte alles neu geschaffen werden.

Es gebührt daher allen denen, deren zähe Mitarbeit der schließliche Erfolg zu danken ist, die Mosaikstein zu Stein gesetzt haben, bis das Bild fertig war, der Dank der Versuchsfeldleitung; es waren die Diplom-Ingenieure Ludwig (1909), Harm (1910), Grünberg (1911), Wolfrum (1912/13), Strecker (1913), Pankin (1913), Forkel (1914), Franz (1920).

Vor allem aber hebe ich die langjährige Mitwirkung des Betriebsingenieurs des Versuchsfeldes, Dr. techn. M. Kurrein, hervor, mit dem ich gemeinsam von 1912 bis 1920 diese Arbeit zu Ende geführt habe.

Wissenschaftlich-praktische Arbeiten solchen Umfanges kosten erhebliches Geld an Versuchseinrichtungen und Gehältern; sie wären unmöglich gewesen ohne die starke materielle Unterstützung der Forschungsgesellschaft für betriebswissenschaftliche Arbeitsverfahren, an der der „Verein Deutscher Werkzeugmaschinenfabriken" in besonders starkem Maße beteiligt ist. Ihm sei daher die erste Arbeit dieser Art gewidmet, in der Hoffnung, daß aus der engen Gemeinschaftsarbeit von Wissenschaft und Praxis eine dauernde gegenseitige Befruchtung sprießen möge.

Charlottenburg, im August 1921.

G. Schlesinger.

# UNTERSUCHUNG EINER WAGERECHT-STOSSMASCHINE MIT ELEKTRISCHEM EINZELANTRIEB UND RIEMENZWISCHENGLIEDERN.

Von G. Schlesinger und M. Kurrein.

## Einleitung.

Die Wagerecht-Stoßmaschine oder Feilmaschine mit direktem Zahnräderantrieb des Stößels (Fig. 1) und die Langhobelmaschine (Fig. 2—6) haben sehr ähnliche Arbeitsverhältnisse.

In beiden Fällen handelt es sich um die Verwandlung kreisender schneller Bewegungen in geradlinige langsame. Die kreisend bewegten Antriebsteile drehen sich dabei stets mit gleichförmiger Geschwindigkeit und in demselben Drehsinne, während die geradlinig bewegten und die mit ihnen zwangläufig verketteten kreisenden Maschinenteile mit verschiedener Geschwindigkeit hin und her gehen.

Die Arbeitsbewegung vorwärts geschieht zwar mit möglichst gleichförmiger Geschwindigkeit, aber stets wesentlich langsamer als die auch möglichst gleichförmige Leerbewegung rückwärts.

Bei der kleinen Stoßmaschine macht das Werkzeug mit dem Stößel, das ist eine kleine unveränderliche Masse, die Hin- und Herbewegung, bei der Hobelmaschine macht das Werkstück mit dem Tisch, das ist eine große, stark veränderliche Masse, die Hin- und Herbewegung. Daraus ergeben sich erhebliche Verschiedenheiten für den Antrieb, die Arbeitsübertragung, die Aufnahme des Stoßes beim Umsteuern, die Schnelligkeit der Umsteuerung und endlich die Reibungsverhältnisse, die eine getrennte Behandlung der beiden Maschinenarten rechtfertigen.

Als erstes durchgeführtes Beispiel wurde eine normale Wagerecht-Stoßmaschine mit Reibungsumsteuerung gewählt mit unmittelbarem Einzelantrieb durch einen 1 PS-Nebenschlußmotor.

Wir stellten uns die Aufgabe, die Untersuchung an einer ganz normalen, handelsüblichen Stoßmaschine (Fig. 1) auszuführen. Alle Meßeinrichtungen mußten daher so angebracht werden, daß sie in die Konstruktion der Maschine möglichst gar nicht eingriffen (Fig. 7 und 8).

Die auf diese Weise gewonnenen Ergebnisse sind dann ohne weitere Umrechnung zu einer kritischen Beurteilung des Einflusses jedes einzelnen wichtigen Konstruktionselementes verwertbar und geben ein klares Bild der inneren, zum Teil sehr verwickelten Vorgänge der seit rund 15 Jahren im Betriebe erprobten Maschine.

Wir wollen folgenden Arbeitsplan innehalten:

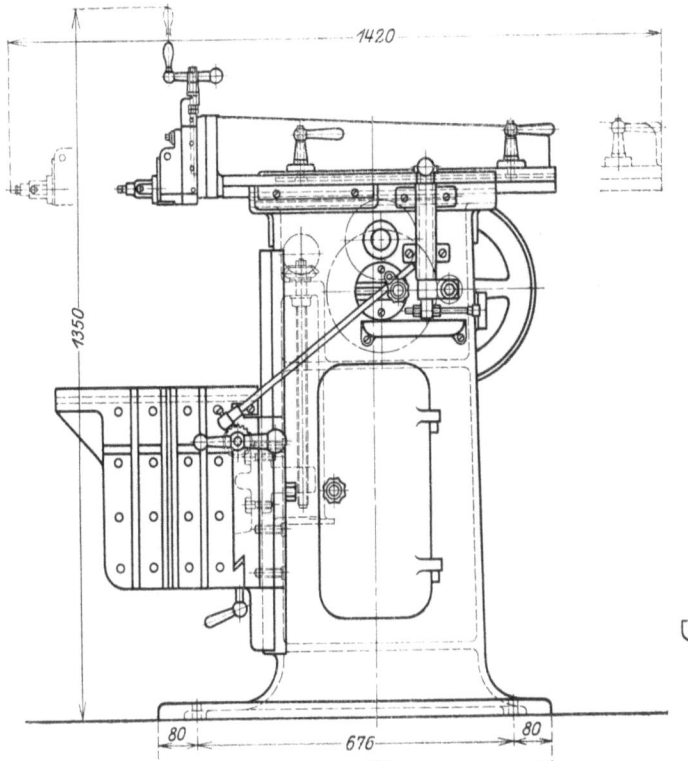

Fig. 1. Wagerecht-Stoßmaschine von Ludw. Loewe & Co., A.-G., Berlin. 450 m/m größte Stoßlänge.

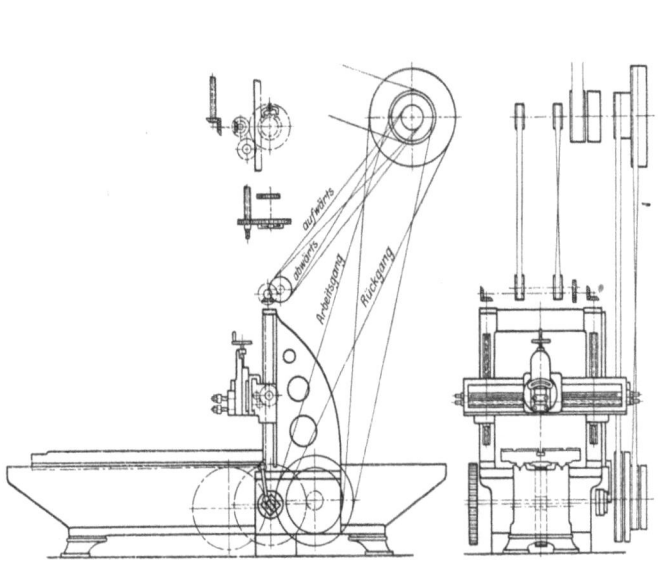

Fig. 2–6. Langhobelmaschine.

## I. Beschreibung der Maschine.

A. Hauptsächliche Konstruktionsangaben (S. 6).
B. Antrieb und Arbeitsgeschwindigkeiten (S. 7).
C. Umsteuerung und Umsteuerarbeit (S. 7).
D. Schaltung des Aufspanntisches (S. 9).
E. Meßeinrichtungen für:

1. Leistung (S. 9).
2. Stahldruck (S. 10).
3. Stößelgeschwindigkeit (S. 11).
4. Schwingungen des Maschinengestelles (S. 11).
5. Riemenzugkräfte (S. 11).
6. Minutliche Stößelhübe (S. 12).
7. Drehzahl des Antriebsmotors (S. 12).

Fig. 7. Wagerecht-Stoßmaschine mit Versuchseinrichtung.

## II. Untersuchung der Maschine.

A. Maschine im ursprünglichen Zustand (S. 12).

a) Bestimmung der Leerlaufarbeit (S. 12).

1. Beziehung zwischen Hublänge und Hubzeit (S. 12).
2. Stößelgeschwindigkeit und Hubzeit (S. 14).
3. Umsteuerung (S. 17).

$\alpha$) Umsteuerarbeit (S. 17).
$\beta$) Umsteuerzeiten und -wege (S. 18).

4. Arbeitsbilanz (S. 21).

b) Bestimmung der Schnittarbeit (S. 23).
Wirkungsgrad (S. 25).

B. Maschine mit konstruktiven Änderungen (S. 25).

a) Untersuchung der Umsteuerverhältnisse (S. 26).
b) Vorschläge für Änderungen (S. 29).

1. Umgesteuerte, umlaufende und hin- und hergehende Massen (S. 29).
2. Ständig umlaufende Teile (S. 30).

$\alpha$) Schwungrad (S. 30).
$\beta$) Riemenscheiben (S. 31).

3. Anbringung von Pufferfedern (S. 32).

## I. Beschreibung der Maschine.

### A. Hauptsächliche Konstruktionsangaben.

| | |
|---|---|
| Größte Stoßlänge . . . . . . . . . . . | 450 mm |
| Zwei Arbeitsgeschwindigkeiten des Stößels für $n = 1460$ Umdr./min[1]) $v_a$ . | 9,72 und 4,91 m/min |
| Eine Rücklaufgeschwindigkeit[1]) $v_R$ . . | 15,44 m/min |
| Verhältnis der Arbeits- zu den Rücklaufsgeschwindigkeiten[1]) . . . . . | 1 : 1,59 und 1 : 3,14 |
| Zweistufige Antriebsscheibe für Vorlauf: | |
| Durchmesser . . . . . . . . . . . | 308 und 358 mm |
| Stufenbreite . . . . . . . . . . . | 52 bzw. 48 mm |
| Minutliche Drehzahl . . . . . . . . | 276 und 139,5 |
| Riemenscheibe für den Rücklauf: | |
| Durchmesser . . . . . . . . . . . | 308 mm |
| Breite . . . . . . . . . . . . | 52 mm |
| Minutliche Drehzahl . . . . . . . | 438 |
| Schaltung des Tisches . . . . . . . . | 0,125 bis 1,25 mm/Hub bis max. 10 Stufen |

Fig. 8. Versuchsanordnung zur Aufnahme der Riemenzug-Schaubilder.

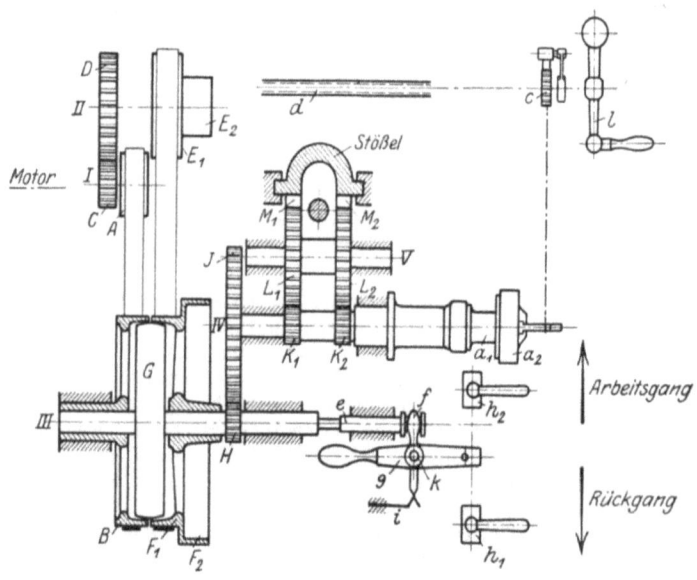

Fig. 9. Antriebsschema der Wagerecht-Stoßmaschine in Fig. 1, 7 u. 8.

---

[1]) Sämtlich berechnet mit $\delta = 3,6$ mm (Riemendicke) Zugabe auf die Durchmesser der treibenden und getriebenen Scheibe.

## B. Antrieb und Arbeitsgeschwindigkeiten.

Die Welle des Motors (Nebenschlußmotor, $n = 1460$ minutliche Umdrehungen, 4,25 Amp., 220 Volt) ist direkt mit Welle $I$ (Fig. 9) gekuppelt, auf der das Antriebsrad $C$ für den Vorlauf und die Rücklaufriemenscheibe $A$ sitzen. Die zweistufige Vorlaufriemenscheibe $E_1 E_2$ auf der Welle $II$ wird durch das Rädervorgelege $C-D$ angetrieben. Beide Antriebsriemen von $A$ nach $B$ und $E_1$ nach $F_1$ bzw. $E_2$ nach $F_2$ können also offen sein. Die zweistufige Vorlaufscheibe $F_1 F_2$ und die einstufige Rücklaufscheibe $B$ auf der Welle $III$ treiben, abwechselnd mit dieser durch den doppelten Reibungskegel $G$ gekuppelt, mittels der Räder $H$, $J$, $K_{1,2}$ und $L_{1,2}$ die Zahnstangen $M_{1,2}$ des Stößels an. Der Stößelantrieb ist von der Welle $IV$ ab doppelseitig symmetrisch zur Stößelmitte angeordnet, um auch lange Wellen und Stangen durchstecken und in der Längsrichtung bearbeiten zu können.

Unter Zugrundelegung der in Zahlentafel 1 gegebenen Abmessungen, der Nenn-Drehzahl des Motors und mit Berücksichtigung der Riemendicke erhält man, wenn man den Riemenrutsch vernachlässigt, eine Vorlaufsgeschwindigkeit des Stößels von 9,72 für den schnellen und 4,91 m/min für den langsamen Antrieb und eine Rücklaufsgeschwindigkeit von 15,44 m/min.

Das Verhältnis der Stößelgeschwindigkeit zur Riemengeschwindigkeit ergibt sich aus der Übersetzung der Räder $H:J = 20:91$ und den Durchmessern des Rades $K$ (51 mm) und der Stufenscheibe $F_1 F_2$ einschließlich der Riemendicke (308 + 3,6 bzw. 358 + 3,6 mm). Es beträgt für den langsamen Vorlauf $\frac{20 \cdot 51}{91 \cdot 361,6} = \frac{1}{32,3}$, für den schnellen Vorlauf wie für den Rücklauf $\frac{1}{27,8}$.

## C. Umsteuerung und Umsteuerarbeit.

Am Ende des Arbeitshubes stößt der Umsteueranschlag $h_1$ (Fig. 9) gegen den Hebel $g$ und verschiebt mittels der Gabel $f$ die Umsteuerwelle $e$ in der hohlen Antriebswelle $III$ nach links, löst also die Verbindung des Reibungskegels $G$ mit der Vorlaufscheibe $F_1 F_2$. Dieses bildet den Beginn der Verzögerung. Bis der Reibungskegel $G$ an die Rücklaufscheibe angedrückt wird, wirken nur verzögernd die Reibung des Stößels in seinen Führungen, die Lagerreibung der mitlaufenden Achsen $V$, $IV$, $III$, die Arbeit zum Verschieben des Umsteuerhebels $g$ und der daran hängenden Teile bis Kegel $G$ einschließlich, und die Arbeit zum Spannen der Dachfeder $i$. Sobald das Dach am Hebel $g$ die Spitze der Dachfeder $i$ überschritten hat, wirft diese den Reibungskegel $G$ in den Kegel der Gegenscheibe hinein, wobei das in der Längsrichtung der Kegelverschiebung innerhalb des Umsteuerungsgetriebes absichtlich vorgesehene Spiel von etwa 4 ÷ 5 mm unbedingt notwendig ist. Durch den von der Dachfeder ausgeübten Achsialdruck wird zwischen dem Reibungskegel und dem Gegenkegel der Riemenscheibe eine Anfangsreibungskraft erzeugt, die eine Verzögerung des Stößels verursacht, die durch den Stößelnachstoß aber erst voll zur Wirkung kommt. Diese Verzögerung ist bedeutend größer als die zuerst wirkenden Verzögerungen. Für die gesamte Verzögerung des Stößels steht ein Weg zur Verfügung, der begrenzt ist einerseits durch die Stellung des Hebels beim Lösen des Reibungskegels, anderseits durch die Stellung des Umsteuerhebels nach erfolgtem Umsteuern. Diese Stellung des Umsteuerhebels wird durch ein bremsendes Kupferplättchen möglichst in gleicher Lage gesichert. Aus den Versuchen zeigt sich (vgl. Weg-Zeit-Schaubild Fig. 31—33), daß am Ende des Vorlaufes $t$ dieser Weg und die Verzögerungskräfte genügen, um den Stößel abzubremsen, da Fig. 33 keine Schwingungen infolge von Stößen aufweist. Beim Rücklauf jedoch ist die Bewegungsenergie des Stößels infolge der höheren Geschwindigkeit (vgl. S. 15) größer und kann von den Reibungskräften auf dem kurzen Weg nicht abgebremst werden, so daß bei der Umsteuerung und beim Beginn des Vorlaufes Schwingungen

### Zahlentafel 1.
Zahlentafel für Antriebsskizze.
Nenn-Drehzahl des Motors $n = 1460$ Umdr./min.

| Gegenstand | Zeichen | äuß. Durchm. bzw. Teilkreis D mm | Breite mm | Modul mm | Zähnezahl | Gewicht kg | Figur | Bemerk. |
|---|---|---|---|---|---|---|---|---|
| Riemen . . . | | | 45 | | | | | Dicke $\delta = 3{,}6$ mm |
| Riemenscheibe auf Motorwelle . . . . | $A$ | 90 | 52 | | | 1,44 | | |
| Rücklaufriemenscheibe . | $B$ | 308 | 52 | | | 6,65 | | |
| Zahnrad auf Motorwelle . | $C$ | 60 | 30 | 2,5 | 24 | 0,99 | | |
| Zahnrad - Vorgelege . . . | $D$ | 162,5 | 30 | 2,5 | 65 | 1,97 | | |
| Antriebsstufenscheibe . . | $E_1$ $E_2$ | 156 90 | 54 54 | | | 3,1 | | |
| Vorlaufstufenscheibe . . . | $F_1$ $F_2$ | 308 358 | 52 48 | | | 12,87 | | |
| Reibungskegel . | $G$ | 294 | 50 | | | 5,86 | | |
| Zahnrad + III. | $H$ | 50 | 26 | 2,5 | 20 | 2,85 | | |
| Zahnrad . . . | $J$ | 227,5 | 26 | 2,5 | 91 | 2,92 | | |
| Zahnräder . . | $K_{1,2}$ | 51 | je 26 | 3,0 | 17 | 2,95 | | |
| Zwischenräder. | $L_{1,2}$ | 147 | je 26 | 3,0 | 49 | 2,0 | | |
| Zahnstangen mit Stößel . dgl. m. Meßdose | $M_{1,2}$ | ∞ | je 26 | 3,0 | | 45,37 84,17 | | |

auftreten. Der Umsteuerknaggen $h_2$ stößt gegen den Umsteuerhebel $g$, der durch die Einwirkung der Dachfeder $i$ unter Ausnutzung des oben erwähnten Spieles ihm vorauseilt, worauf der weitergehende Stößel bzw. Umsteuerknaggen $h_2$ den Hebel $g$ zum zweitenmal trifft und dadurch den Reibungskegel endgültig einpreßt. Dadurch wird der Reibungskegel $G$ mit einer Zusatzkraft in die Vorlaufscheibe $F_1$ hineingepreßt und der Hebel $g$ und die daran anschließenden Teile bis Kegel $G$ einschließlich und das ganze Maschinengestell einschließlich Verankerung — dieses ist hier auf II-Trägern montiert — elastisch deformiert[1]). Da diese Kräfte sehr groß sind, erfolgt nunmehr die Abbremsung des Stößels sehr schnell, vgl. Beschleunigungsschaubild $p = f(t)$ (Fig. 47).

Nachdem die Bewegung des Stößels abgebremst ist, beginnt sofort die Beschleunigung, da der Reibungskegel durch den dauernden Achsialdruck der Dachfeder $i$ und den Nachstoß mit der Rücklaufscheibe zunächst schleifend, dann fest gekuppelt bleibt. Der Weg und die Zeit zur Erlangung der vollen Geschwindigkeit ist für den Rückgang wegen der höheren Geschwindigkeit ($v_R = 15{,}44$ m/min) größer als für den Arbeitsgang ($v_A = 9{,}72$ m/min). Wie weit die beim Rückgang des Stößels bewirkte Formänderung des Umsteuerhebels und der anschließenden Teile bis Reibungskegel $G$ einschließlich, die zurückfedern, beim Arbeitsgang beschleunigend auf den Stößel wirkt, ist durch den Versuch nicht feststellbar gewesen. Möglich ist, daß die größere Beschleunigung (Fig. 47) unmittelbar bei Beginn des Arbeitsganges gegenüber dem Beginn des Rücklaufes hierauf zurückzuführen ist.

Von einer rechnerischen Ermittelung der Verzögerungs- und Beschleunigungsarbeiten, -wege und -zeiten mit Berücksichtigung der Deformationen der betreffenden Teile wurde abgesehen, da durch die verwickelte Form des Reibungskegels $G$ eine genaue Auswertung sehr schwierig sein, eine angenäherte Auswertung aber zu große Fehler mit sich bringen würde.

Während der Zeit für Verzögern (Bremsen) und Beschleunigen (Wiederanfahren) gleitet die Antriebsscheibe gegenüber dem Reibungskegel unter erheblichem Arbeitsaufwand, wie aus folgender Darlegung hervorgeht:

Man reduziere alle umlaufenden Massen auf den Stößel, indem man sie durch solche Massen am Stößel ersetzt, deren kinetische Energie bei der Stößelgeschwindigkeit gleich jener der ursprünglichen Massen bei ihrer wahren Umlaufgeschwindigkeit ist. Es sei:

$m$ Masse des Stößels,
$v_m$ Stößelgeschwindigkeit,
$m_r$ die auf den Stößel reduzierte Masse der umlaufenden Teile,
$J$ Trägheitsmoment der umlaufenden Teile,
$\omega$ Winkelgeschwindigkeit der umlaufenden Teile.

Dann muß gelten:
$$\tfrac{1}{2} \Sigma J \omega^2 = \tfrac{1}{2} m_r \cdot v_m^2$$

und es ergibt sich die ganze auf den Stößel reduzierte Masse $M$ aller Teile, Zahlentafel 2 (Fig. 10—11), zu:
$$M = m + m_{rG} + m_{rH} + \ldots,$$

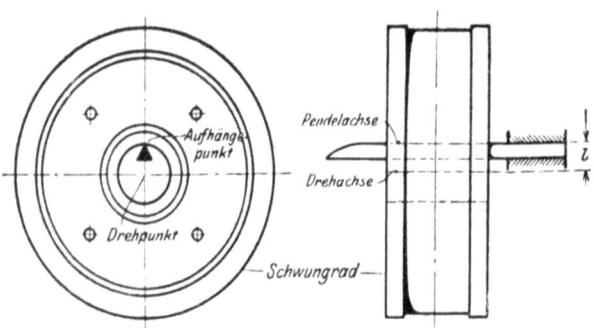

Fig. 10 u. 11. Bestimmung der Trägheitsmomente durch Auspendeln.

---

[1]) Die Größenordnung dieser Formänderung, aus der Befestigung des Maschinengestells herrührend, wurde durch unmittelbare Beobachtung am Fuß des Gestelles mittels Fühlhebels und elektrischer Kontaktmethode zu 0,03 mm in senkrechter und zu 0,15 mm in wagerechter Richtung bestimmt.

## Zahlentafel 2.
### Zahlentafel der Trägheitsmomente und Bewegungsenergien.
#### A. für die ungeänderte Maschine.

| Gegenstand | Zeichen | Gewicht | Trägheitsmomente, auf Drehachse $J_0 = J \cdot \frac{G}{g}$ mkgsek² | Winkelgeschwindigkeit $\omega$ 1/sek | Geschwindigkeit $v$ m/sek | Bewegungsenergie kreisend: $\tfrac{1}{2} J \omega^2$ hin- u. hergehend: $\tfrac{1}{2} m v^2$ mkg | Anteil der gesamten Bewegungsenergie (ohne Meßdose) vH | Masse kgsek²/m |
|---|---|---|---|---|---|---|---|---|
| Gußeis. Reibungskegel . | G | 5,86 | 0,0065502 | 28,914 | | 2,69500 | 95,75 | |
| Antriebswelle m. Zahnrad . | III,H | 2,85 | 0,0000342 | | | 0,01404 | 0,5 | |
| Umsteuerwelle | e | 1,42 | 0,0000023 | | | 0,00096 | 0,03 | |
| Zahnrad . . . | J | 2,92 | 0,0020213 | 6,3547 | | 0,04029 | 1,42 | |
| Zahnradpaar | $K_{1,2}$ | 2,95 | 0,0000482 | | | 0,00096 | 0,03 | |
| Zwischenradwelle. . . . | IV | | 0,0000233 | | | 0,00046 | 0,01 | |
| Zahnrad . . . | $L_1$ | 1,95 | 0,0005327 | 2,2047 | | 0,00127 | 0,04 | |
| | $L_2$ | 2,01 | 0,0005453 | | | 0,00131 | 0,05 | |
| Welle . . . . | V | | 0,0000153 | | | 0,00004 | ∞ 0 | |
| Summe der Bewegungsenergien; Masse reduz. a. Stößelgeschwindigkeit . . . | $m_r$ | | | | 0,162 | 2,75433 | | 210,005 |
| Stößel m. Zahnstange ohne Meßdose . . | m | 45,37 | | | 0,162 | 0,06069 | 2,15 | 4,625 |
| mit Meßdose. . | | 84,17 | | | 0,162 | | (3,92)[1]) | 8,580 |
| Gesamtmasse und Bewegungsenergie aller umgesteuerten Teile, bezogen auf Stößelgeschwindigkeit ohne Meßdose . . . . . . . . . . | M | | | | 0,162 | 2,81502 | 100 | 214,63 |
| dgl. mit Meßdose . . . . . . . . . | | | | | 0,162 | | (100)[1]) | 218,59 |

[1]) Diese Zahlen sind bezogen auf die mit Meßdoseneinrichtung ausgestattete Maschine.

#### B. für die Maschine mit konstruktiven Änderungen.

| Gegenstand | Zeichen | Gewicht | Trägheitsmomente auf Drehachse mkgsek² | Winkelgeschwindigkeit $\omega$ 1/sek | Geschwindigkeit $v$ m/sek | Bewegungsenergie mkg | Masse kgsek²/m |
|---|---|---|---|---|---|---|---|
| Gußeiserner Reibungskegel. . | G | 5,86 | 0,0065502 | 28,914 | | 2,6950 | |
| Magnalium Reibungskegel. . | $G^1$ | 2,45 | 0,0028226 | 28,914 | | 1,1592 | |
| Bewegungsenergie und Masse aller umgesteuerten Teile ohne Stößel auf Stößel reduziert . . . | $m_r$ | | | | 0,162 | 1,21853 | 92,9 |
| Gesamtmasse der umgesteuerten Teile a. Stößel reduziert ohne Meßdose . . | $M_K$ | | | | 0,162 | | 97,5 |
| mit Meßdose. . | | | | | 0,162 | | 101,5 |
| Schwungrad . . | R | 21,4 | 0,0214638 | 152,89 | | 250,861 | |
| m. Scheibe II | $R_{II}$ | 27,6 | 0,0258449 | 152,89 | | 302,067 | |
| m. Sch. II, III | $R_{II,III}$ | 32,9 | 0,0306667 | 152,89 | | 351,409 | |
| m. Sch. I, II, III | $R_{I,II,III}$ | 38,9 | 0,0340603 | 152,89 | | 398,086 | |
| Motoranker einschließl. aller ständig uml. Teile . . . | | | 0,0034 | 152,89 | | ∞ 40 | |
| Riemenscheibe . | B | 6,8 | 0,009357 | 28,914 | | 3,915 | |
| Riemensch. mit Blechscheiben | | 12,84 | 0,015436 | 28,914 | | 6,450 | |

Bemerkung: Die Trägheitsmomente wurden nur, soweit es sich um zylindrische Körper handelte, durch Rechnung bestimmt; sonst wurden sie durch Pendelversuche nach Fig. 10—11 ermittelt. Die Bewegungsenergien sind auf den gleichmäßigen Vorlauf ($v_A = 9{,}72$ m/min) errechnet.

worin $m_{rG}$, $m_{rH}$ usw. die auf den Stößel reduzierten Massen der Teile $G$ bis $M$ (Fig. 9) sind.

Nun kann man sich denken, daß die Antriebsriemen für Vor- und Rücklauf mit den Stößelgeschwindigkeiten $v_A$ und $v_R$ und entsprechend vermehrter Durchzugskraft laufen und an der gesamten reduzierten Stößelmasse $M$ unmittelbar angreifen (Fig. 12). Am Ende des Vorlaufes werde die Verbindung der mit der Geschwindigkeit $v_A$ bewegten reduzierten Stößelmasse $M$ mit dem Vorlaufriemen gelöst und der Rücklaufriemen mit der Momentankraft $P$ gegen die Masse $M$ gedrückt,

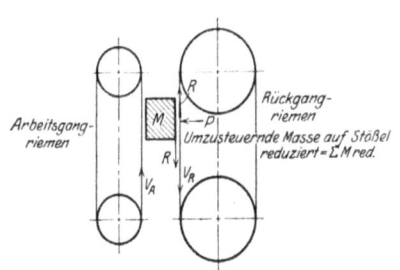

Fig. 12. Schema der Massenumsteuerung.

so daß er die momentane Reibungskraft $R$ auf sie ausübt. Die dadurch hervorgerufenen Geschwindigkeitsänderungen des Stößels bedingen die Größe der Umsteuerarbeiten.

### Theoretische Umsteuerarbeit.

Danach ergibt sich die theoretische Umsteuerarbeit gleich der lebendigen Energie der umgesteuerten Massen bei der Verzögerung + der Beschleunigungsarbeit derselben Massen nach der Umkehr. Die Verzögerungsarbeit am Ende des Vorlaufes ist gleich der Beschleunigungsarbeit bei Beginn des Vorlaufs und die Verzögerungsarbeit am Ende des Rücklaufes gleich der Beschleunigungsarbeit bei Beginn des Rücklaufes (Anschwellen bzw. Abschwellen derselben Masse von $O$ bis $v_{A\,oder\,R}$ bzw. von $v_{A\,oder\,R}$ bis $O$. Dann ist die theoretische Umsteuerarbeit für einen Doppelhub (mit den Bezeichnungen auf S. 6):

$$A_U = 2 \cdot \tfrac{1}{2} M (v_R^2 + v_A^2) = M (v_R^2 + v_A^2).$$

In diesem Falle ergibt sich für die Maschine im ursprünglichen Zustand:

$$A_U = 214{,}63 \, \frac{(9{,}72^2 + 15{,}44^2)}{60^2} = 19{,}85 \text{ kgm ohne Meßdose,}$$

$$A_{UM} = 218{,}59 \, \frac{(9{,}72^2 + 15{,}44^2)}{60^2} = 20{,}22 \text{ kgm mit Meßdose,}$$

(vgl. Zahlentafel 2).

### D. Schaltung des Aufspanntisches.

Die Vorschubspindel $d$ des Tisches (Steigung 4 mm, Fig. 9) trägt ein Sperrad $c$ mit 32 Zähnen, gestattet also nach dem Einschalten der Sperrklinke in der einen oder anderen Richtung eine um $4/32 = 0{,}125$ mm für eine Schaltzahn abgestufte Schaltung. Die Kurbelscheibe $a_2$ auf der Welle $IV$ ermöglicht bei gleichbleibendem Ausschlag, aber verstellbarem Kurbelhalbmesser Schaltungen von 1 Zahn $= 0{,}125$ mm bis zu 10 Zähnen $= 1{,}25$ mm. Die Stellung des Kurbelbolzens über oder unter Mitte gestattet den Schaltvorgang zu Beginn des Vorlaufes für beide Schaltrichtungen zu legen. Der Stößelweg während einer Schaltung ist stets der gleiche und beträgt 36 mm.

### E. Meßeinrichtungen.

#### 1. Leistung.

Für die Untersuchung der Leistungen wurde mit Rücksicht auf die periodischen, äußerst schnell erfolgenden Schwankungen des Stromverbrauches außer Ampere- und Voltmesser auch ein selbstschreibender KW-Messer mit Funkenschrift eingeschaltet. Ein Teil der Versuche wurde mit einem Apparat mit bogenförmiger Aufzeichnung, die letzten Versuche mit einem solchen mit rechtwinkligen Koordinaten durchgeführt. Die Art der Auswertung der Schaubilder ist bei beiden verschieden. Das Brennbild ergibt, abgesehen von dem Nacheilen der Anzeige des Instrumentes, ohne weiteres die Leistung an jeder Stelle des Hubes, zeigt also sowohl das Eintreten des Beharrungszustandes, als die Höchstleistung während des Umsteuerns. Durch Planimetrieren der im rechtwinkligen Koordinatensystem aufgezeichneten Kurven kann man die mittlere Leistung bestimmen. Bei der Auswertung der Brennbilder ist aber die Trägheit des selbstschreibenden KW-Messers zu berücksichtigen. Da die Belastungsänderung beim Hubwechsel stoßweise erfolgt, kann der Zeiger des KW-Messers infolge der dem Instrument innewohnenden Trägheit nicht gleichzeitig folgen und erreicht infolge der unmittelbar im Hubwechsel umkehrenden Belastung auch nicht den der Stoß-

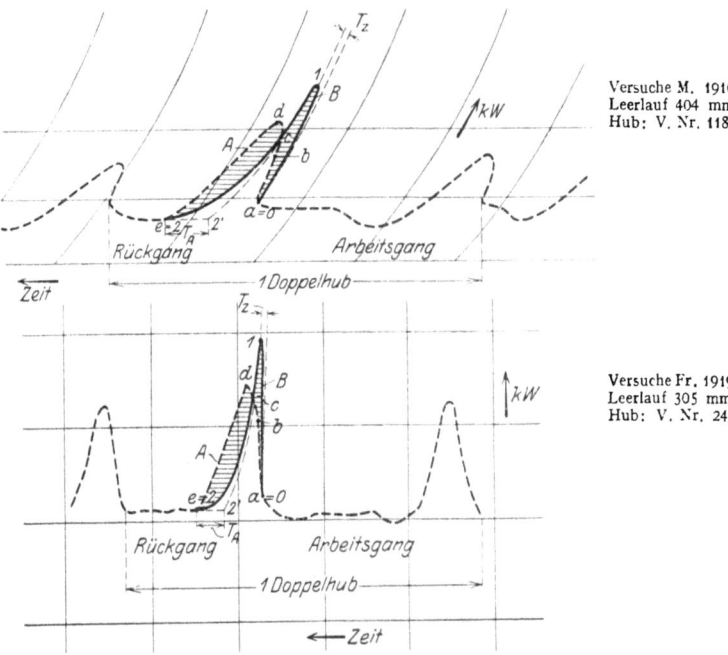

Versuche M. 1910
Leerlauf 404 mm
Hub: V. Nr. 118.

Versuche Fr. 1919
Leerlauf 305 mm
Hub: V. Nr. 24.

Fig. 13 u. 14. Schaubild des selbstschreibenden KW-Messers bei bogenförmiger und rechtwinkliger Aufzeichnung.

------ tatsächliches Leistungsschaubild,
────── ideelles Leistungsschaubild bei augenblicklicher, gleichzeitiger Aufzeichnung.

belastung entsprechenden höchsten Punkt. Das Schaubild, das die Form $A$ (Fig. 13—14) hat, sollte bei einem synchron arbeitenden, das heißt unmittelbar dem Energieaufwand folgenden Instrument die Form $B$ zeigen. Der aufsteigende Ast sollte parallel oder fast parallel zu den Ordinatenkreisen bzw. Achsen sein, und der absteigende Ast sollte im Augenblick, wenn die Beschleunigung der umgesteuerten Massen beendet ist, wieder in der Höhe des gleichmäßigen Vorlaufes liegen. An Stelle dieses Verlaufs ist das Bild $A$ folgendermaßen zu erklären: Im Punkte $a$ tritt im Augenblick des Stoßes das Ausschwingen des Zeigers plötzlich ein, der Punkt wird höchstwahrscheinlich genau mit dem Punkte $O$ der theoretischen Linie $B$ zusammenfallen. Nun wird das Steigen des Zeigers durch die Stoßbelastung im Stromkreis des Motors, die infolge der plötzlichen Bremsung der Teile vom Stößel bis zum Reibungskegel usw. entsteht, infolge der Instrumentträgheit verlangsamt.

Dieses Ansteigen des Zeigers zerfällt unter Berücksichtigung des Papiervorschubes in drei Phasen:

$a$—$b$ . . . . hervorgerufen durch das Ansteigen der Stoßbelastung im Stromkreis, entsprechend $a$ bis 1, und

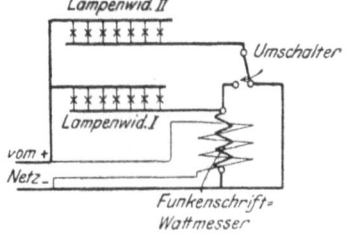

Fig. 15. Stoßbelastung des Funkenschreibers.

$b$—$c$ . . . . zurückgehalten durch die Trägheit des Instrumentes, hervorgerufen durch den größeren Wert des wirklichen KW-Wertes (Kurve $B$) und zurückgehalten durch das Fallen der wirklichen Stromstärke von $1$—$c$ und die Trägheit des Instrumentes, entsprechend $1$—$c$ der Kurve $B$, wobei $c$ der Schnittpunkt der Kurve $A$ mit der Kurve $B$ ist.

$c$—$d$ . . . . Überschwingen des Instruments infolge seiner Trägheit und zurückgehalten durch das Fallen der wirklichen Stromstärke unter die Instrumentanzeige.

$d-e$.... Rückschwingen des Instruments nach Aufhören des Stromstoßes und Auspendeln.

Da auch die aus den KW-Schaubildern durch Planimetrieren gefundene mittlere Arbeit für einen Doppelhub durch diese Trägheit des Instruments beeinflußt wird, so wurde das Instrument auf Anzeige stoßweiser Belastungen untersucht. Dazu wurde der selbstschreibende KW-Messer nach der Schaltungsskizze Fig. 15 an zwei Lampenwiderstände so angeschlossen, daß eine beliebige gleichbleibende Belastung durch das Instrument geschickt und augenblicklich eine beliebige andere zugeschaltet werden konnte, ohne den gesamten Stromfluß in der Hauptleitung zu ändern. Ebenso wurden umgekehrt Versuche gemacht, eine beliebige Entlastung plötzlich vorzunehmen, von verschiedenen oberen auf verschiedene untere Grenzen.

Es wurden dafür die Werte gewählt, die den Bereich der Anzeige der Versuche an der Wagerecht-Stoßmaschine einschlossen. Im ganzen wurden fünf Reihen gemacht, wobei die gleichbleibende Grundbelastung des KW-Messers

rd. 1, 2, 3, 4 Amp.

(Anzeige in KW beim Nennwert 220 Volt) betrug.

An jede dieser Belastungen wurde stoßweise angeschaltet:

rd. 1,5, 3, 4,5, 6, 7,5, 9 Amp.

Es ergab sich, daß das Überschwingen bei stoßweiser Belastung und Entlastung fast gleich, von der Grundbelastung unabhängig, wohl aber vom Belastungsunterschied abhängig ist.

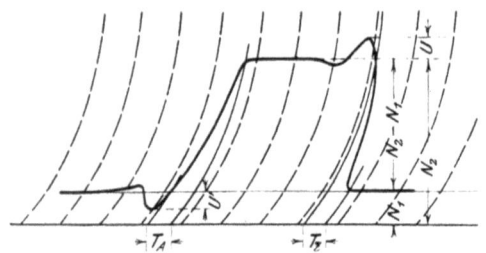

Fig. 16. Stoßlinie durch plötzliche Zusatzlast.

Die KW-Zeitkurve (Fig. 16) im Bogenkoordinatensystem, deren Abszissen die Zeit bis zur Belastung $N_2$ darstellen, nähert sich einem parallelen Bogen zur Bogenordinate, das heißt die Neigung des aufsteigenden Kurven-(Bogen-)Teiles beim Stoß wird immer größer, je größer der Wert $(N_2-N_1)$ wird. Findet man also beim Vergleich der Stoßmaschinenlinien mit den Instrumentkurven, daß die Stoßmaschinenlinie steiler ist, als die mit den entsprechenden $N_1$ und $N_2$ des Vor- und Rücklaufes geschriebene Instrumentenkurve, so muß der Stoß, dem größeren Neigungswinkel entsprechend, höher liegen. Der Vergleich ergab, daß die Spitzen der Stoßmaschinen-Schaubilder rd. doppelt so hoch sein sollen. Die Bestimmung der Zeit für die stoßweise Belastung im Stromkreis, die der Gesamtzeit der Umsteuerung entspricht, könnte nach folgender Überlegung erfolgen (Fig. 13—14): dem Höchstausschlag des Instrumentes, Punkt $d$, entspräche eine wirkliche Belastungszunahme (1) und ein Zeitwert $T_z$ (Fig. 13—14, 16), der das zeitliche Nacheilen des Instruments infolge seiner Trägheit gegen die Belastung im Stromkreis darstellt. Dem wirklichen Abfall des Zeigers von Punkt $d$ auf $e$ entspräche ein zweiter Zeitwert $z'-z=T_A$, der gleich dem zeitlichen Nacheilen des Instruments gegen das Abfallen der Belastung im Stromkreis ist. Die Größenordnung dieser Zeitwerte $T_A$ und $T_z$ sind in den Vorversuchen für ähnliche Belastungen festgestellt worden[1]. Es wäre also die Gesamtzeit für eine Umsteuerung gleich dem Zeitwert des Instrumentenausschlages von $a-e$ vermindert um die Zeitwerte $T_z$ und $T_A$ für das Nacheilen des Zeigers bei Zunahme und Abnahme der Stoßbelastung im Stromkreis, falls die Belastung nach dem Stoß auf der oberen Stufe stehen bliebe, wie es bei den Vorversuchen der Fall war.

Infolge der Kleinheit der aufgenommenen Schaubilder sind jedoch die Fehler beim Ausmessen der Zeiten groß. Infolgedessen wurde mit dem Zeitwert der Strecke $a-d$ als Umsteuerzeit gerechnet, der praktisch gleich dem oben ermittelten Zeitwert ist. Für die mittlere Leistung eines Doppelhubes werden sich die schraffierten Schaubildflächen $a-1-c-a = c-d-e-2-c$ etwa ausgleichen.

### 2. Stahldruck.

Der Schnittdruck $P$ in Richtung des Stößels wird von der Klappe durch eine Druckstelze unter dem Stößel hinweg auf eine Meßdose, die an seinem hinteren Ende festgeschraubt ist,

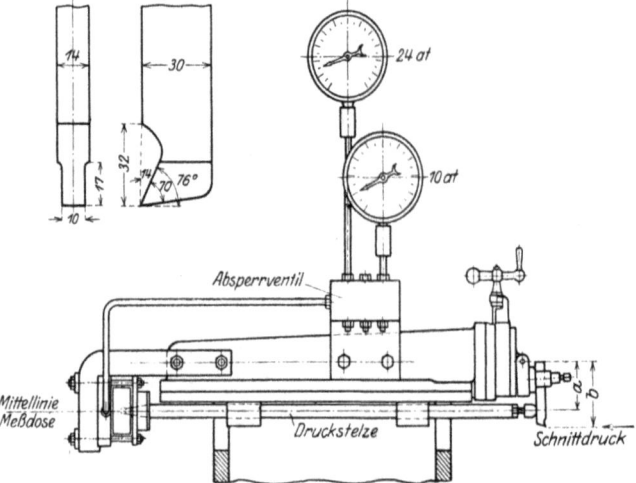

Fig. 17—19. Messung des Schnittdruckes und Sonderstahl für Kontrollversuche zur Vermeidung des Seitendruckes.

übertragen und an einem Manometersatz mit verschiedenen Meßbereichen abgelesen (Fig. 17).

Um mit dieser einfachen Messung genau zu arbeiten, müßte die Schneidkante des Hobelmeißels wie bei dem gezeichneten Sonderstahl (Fig. 18—19) senkrecht zur Hubrichtung stehen. Bei anders geschliffenem Meißel würden Seitenkräfte auftreten, die nicht ohne weiteres zu messen sind und einen vollständigen Um-

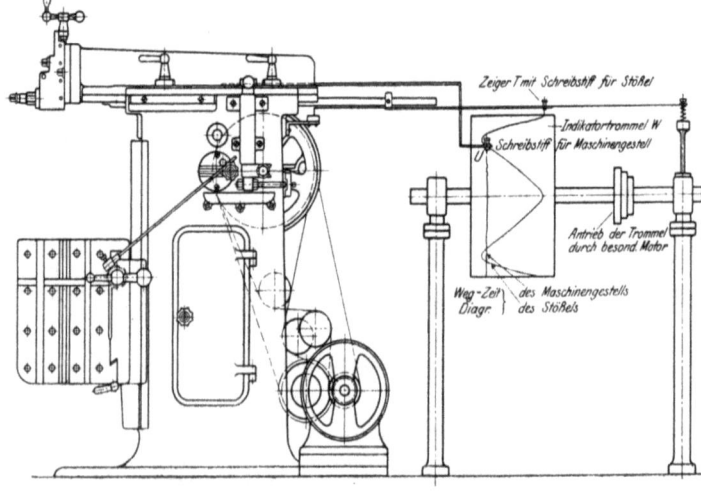

Fig. 20. Schreibapparat zur Aufzeichnung des Zeitweg-Schaubildes und der Schwingungen des Maschinengestelles.

bau des Supports verlangen. Verwendet wurde aber ein normaler Stahl und nur bei einigen besonderen Versuchen eine senkrechte Schneide. Auf die Räder $L_1L_2$ wirkt nur der Druck $P$ in der Richtung der Druckstelze, der gegebenenfalls auftretende seitliche Druck $S$, der bei den üblichen Hobelstählen sicher klein ist, kommt nur als Reibungskraft $f \cdot S \infty 0,1 P$ (im höchsten Falle) in Betracht und erscheint im gesamten Leistungsaufwand, allerdings zu Ungunsten des Wirkungsgrades der Maschine.

---

[1] Vgl. WT. 1915, S. 343, Fig. 17/18; B. d. V. f. W. Heft IV, S. 4 ff., Fig. 7—19.

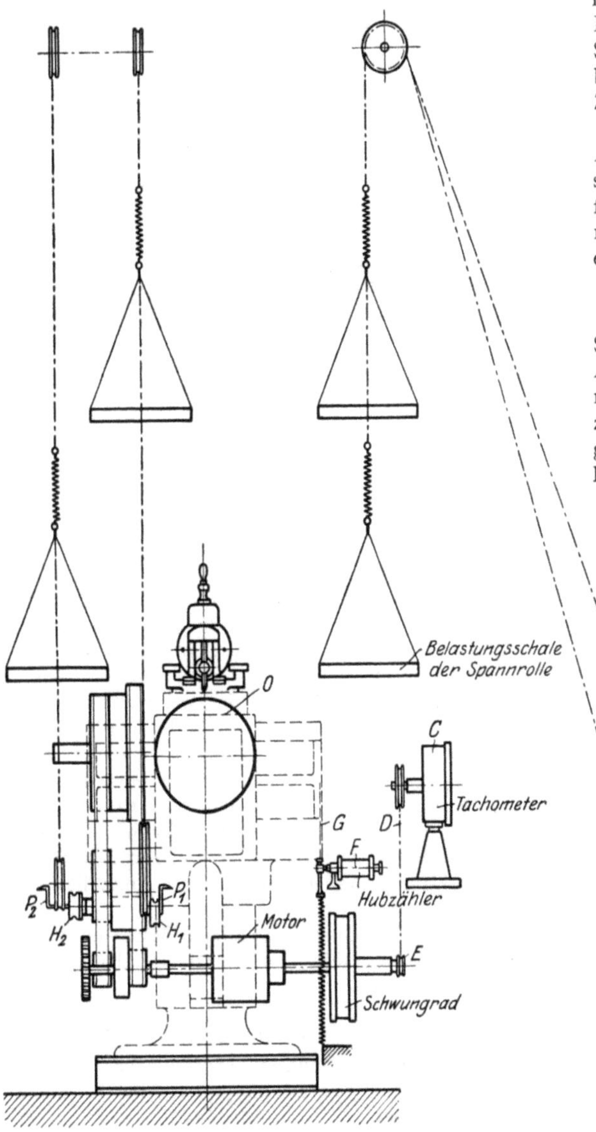

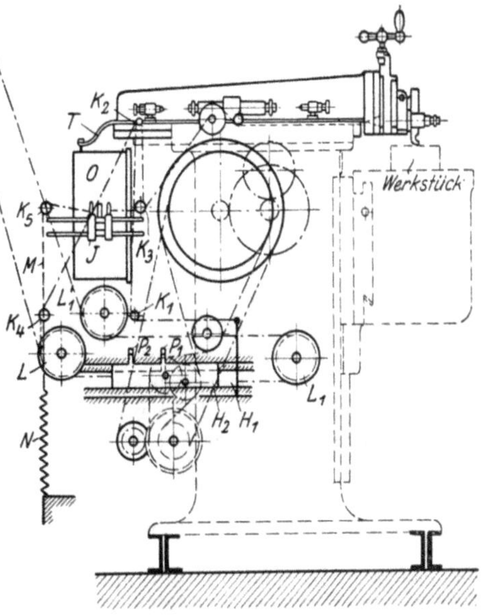

läufen/min durch einen Elektromotor angetrieben (genaue Ermittlung der Umfangsgeschwindigkeit s. S. 16). Der mit Schreibstift versehene Zeiger $T$ ist mit dem Stößel unmittelbar verbunden und zeichnet den Stößelweg in Funktion der Zeit auf (vgl. Fig. 31).

Ein Versuch, die Stößelgeschwindigkeiten unmittelbar durch Andrücken eines der von der Drehbank her bekannten Geschwindigkeitsmesser zu messen, mißlang. Die Meßzeiten sind für die Trägheit dieser Instrumente zu klein, außerdem kann man den Anpressungsdruck nicht mit Sicherheit gleichmäßig erhalten.

### 4. Schwingungen des Maschinengestells.

Dieselbe Trommel diente gleichzeitig zum Aufzeichnen der Schwingungen des Maschinengestells in Funktion der Zeit. Als Schreiber diente ein mit Bleistift versehener Zeiger $U$, der mit dem Maschinengestell fest verbunden ist (Fig. 20). Es zeigt sich, daß bei der Umsteuerung von Rückgang auf Arbeitsgang der auf S. 8 beschriebene Nachstoß ein ziemlich erhebliches Ausschwingen des Maschinengestells verursacht (Fig. 32).

Fig. 21—23. Einrichtung zur Aufzeichnung der Riemen-Schaulinien und Bestimmung der Hubzahlen des Stößels.

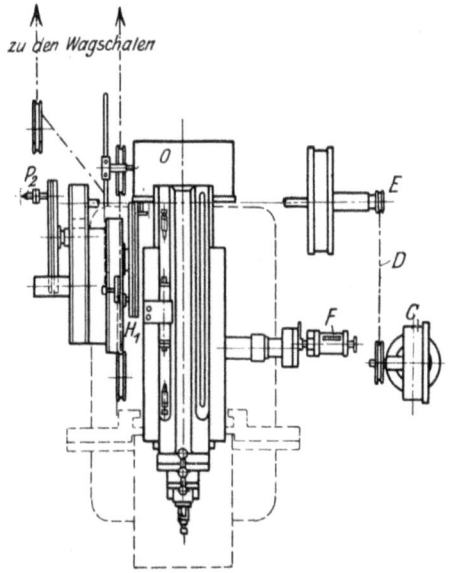

### 3. Stößelgeschwindigkeit.

Der Verlauf von Arbeit- und Rückganggeschwindigkeit wird durch einen Schreibstift am Stößel selbst auf einer mit gleichförmiger Geschwindigkeit kreisenden Trommel $W^{1)}$ aufgezeichnet, die auf der Rückseite der Maschine (Fig. 20) gesondert angebracht ist. Diese Indikatortrommel hat einen Umfang von 1354 mm ($\varnothing = 430$ mm) und wird mit r. 11 Um-

### 5. Riemenzugkräfte.

Zum Aufzeichnen der Riemenschaulinien diente eine Trommel $O$ mit einem Umfang von 1000 mm, die unmittelbar auf der Rückseite der Maschine angebracht ist (Fig. 21-23 u. 8), und deren Antrieb durch ein eingebautes Uhrwerk mit 2 Umläufen/min erfolgt. Der mit zwei Schreibstiften ausgestattete Schlitten $J$ wird durch Schnurzüge über die Rollen $K_{1-5}$ mit den Schlitten $H_{1\,u.\,2}$ der Riemenspannrollen verbunden. Die Spannrollen zur Erzeugung der Riemenzugkräfte werden zunächst durch gewichtsbelastete Drahtseile, die über die Rollen geführt werden, gegen die gezogenen Teile der beiden Antriebsriemen gedrückt. Die Spannung $S_2$ im gezogenen Trumm ist dann abhängig von der Belastung $P$ und der Stellung der Spannrollen $H_1$ bzw. $H_2$ (Fig. 24—25). Die Spannung $S_1$ im ziehenden Trumm ist um die übertragene Umfangskraft $U$ größer als $S_2$ im gezogenen Trumm. Wird das ziehende Trumm durch eine Erhöhung der Umfangskraft stärker belastet, so dehnt es sich, und da die Achsenentfernung der Riemenscheiben unver-

[1] Die in Fig. 8 eingebaute Trommel $O$ mit Uhrwerksantrieb wurde bei den ersten Versuchsreihen zur Aufnahme des Riemenzugschaubildes verwendet, reichte aber nach ihrer Konstruktion nicht zur Aufnahme des Geschwindigkeitsschaubildes aus. Daher wurde die in Fig. 7 und 20 sichtbare Einrichtung an ihrer Stelle eingebaut.

ändert bleibt, wird das gezogene Trumm sich längen, also stärker durchhängen.

Die Spannrolle, die stets im gezogenen losen Trumm sitzt, schlägt dementsprechend in Richtung des Drahtseilzuges aus und macht durch die Schnurverbindung mit dem Schlitten $J$ eine Aufzeichnung auf der Trommel. Die Größe des Ausschlages, die also dem Riemen-Schaubild auf der Indikatortrommel zu entnehmen ist und übrigens auch auf einer Skala an der Spannschlittenführung abgelesen werden kann, läßt, jedoch **ohne ziffernmäßige Feststellung**, einen Rückschluß auf die eingetretene Riemendehnung im ziehenden Trumm und damit auf die Änderung der Umfangskraft zu.

schreibenden Instrumenten übertragen sind, nur Stahldruck, Zahl der Stößelhübe und Drehzahl des Motors — übrigens sehr einfache und zuverlässige Messungen — sind Ablesungen.

## II. Untersuchung der Maschine.

Die Versuche wurden mit Unterbrechungen in den Jahren 1911 bis 1920, darunter vier vollständige Reihen, von mehreren Gruppen von Beobachtern getrennt ausgeführt. Aus diesem Grunde und weil die Maschine zwischendurch als Bearbeitungsmaschine für die laufenden Arbeiten des Versuchsfeldes diente, zeigten die Ergebnisse, insbesondere die Feststellung der Reibungsarbeiten, nicht ganz die wünschenswerte Übereinstimmung untereinander.

Die Versuche wurden größtenteils mit dem schnellen Arbeitsgang (Scheiben $E_1 F_1$) angestellt. Im folgenden sind die Versuche mit dem langsamen Gang ausgelassen worden, weil in der Werkstatt der langsame Gang selten gebraucht wird und grundsätzliche Verschiedenheiten nicht vorhanden sind.

Die Untersuchung zerfällt in zwei Hauptteile.

A. Es wurde die Maschine zunächst **ohne jede Abänderung** untersucht und eine Arbeitsbilanz aufgestellt, die den Einfluß der einzelnen

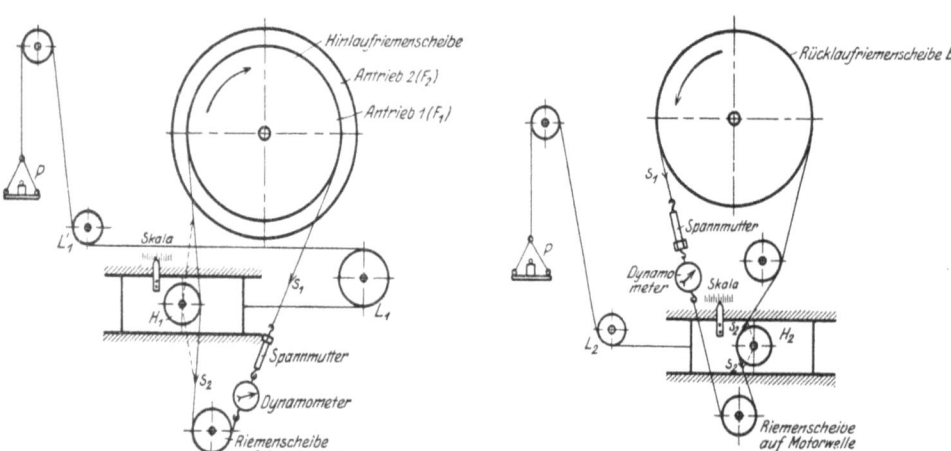

Fig. 24 u. 25. Spannrollen-Anordnung und Eichung der Riemenspannungen.

Z. B. Leerlauf: Hublänge 306 mm (Fig. 26). Arbeitsgangriemen- und Rückgangriemen-Schaubild zeigen ungünstigen Einfluß der Umsteuerung auf den Riemen, besonders beim Arbeitsgang. Ferner zeigt sich gleiche Beanspruchung der Riemen bei kurzen und langen Hüben (vgl. Fig. 27: Hublänge 150 mm). Zu einer wirklich genauen Messung der Riemenzugkräfte ist der abgelesene Ausschlag aber nicht brauchbar. Bei den plötzlichen durchaus stoßweisen Belastungsänderungen, wie sie beim Umsteuern vorkommen, tritt eine Störung insofern ein, als das Beharrungsvermögen des Spannrollenschlittens und Belastungsgewichte den Ausschlag vergrößert, und daß dann infolge der Elastizität des Riemens ein Ausschlag nach der entgegengesetzten Seite eintritt.

### 6. Minutliche Stößelhübe.

Ein gewöhnlicher Hubzähler $F$ wurde durch die Schnur $G$ von der Vorschubkurbelscheibe aus angetrieben (Fig. 21—23) und gestattete unter Benutzung einer Stoppuhr die Beziehung zwischen Hubzahl und Hubzeit für jede Hublänge zu bestimmen.

### 7. Drehzahl des Antriebmotors.

Das Tachometer $C$ diente zur Bestimmung der Drehzahl des Antriebsmotors (Fig. 7 u. 21). Da jedoch der Zeiger sehr schwankte und eine Ablesung der mittleren Drehzahl zu ungenau wäre, wurde die abgestoppte Umdrehungszahl des Motors bei jedem Hub auf den betreffenden Maximalausschlag des Tachometerzeigers bezogen, das heißt festgestellt, welche mittlere Umdrehungszahl des Motors dem während des Abstoppens beobachteten Maximalausschlag des Tachometers entsprach.

Sämtliche Messungen können durch zwei Beobachter ausgeführt werden, da alle schwierigen Aufzeichnungen selbst-

Hauptteile klarlegte. Dann wurden die sich ergebenden Schlüsse auf konstruktive Abänderungen gezogen, und diese Abänderungen ausgeführt.

B. Es wurde nun die abgeänderte Maschine von neuem untersucht und die praktische Richtigkeit der theoretischen Schlüsse nachgeprüft.

### A. Maschine in ursprünglichem Zustand.
#### a) Bestimmung der Leerlaufarbeit.

Die Bestimmung der Leerlaufarbeit der Maschine setzt sich zusammen aus:
1. Beziehung zwischen Hublänge und Hubzeit (Hubzahl).
2. Stößelgeschwindigkeit und Hubzeit.
3. Umsteuerung.
4. Arbeitsbilanz.

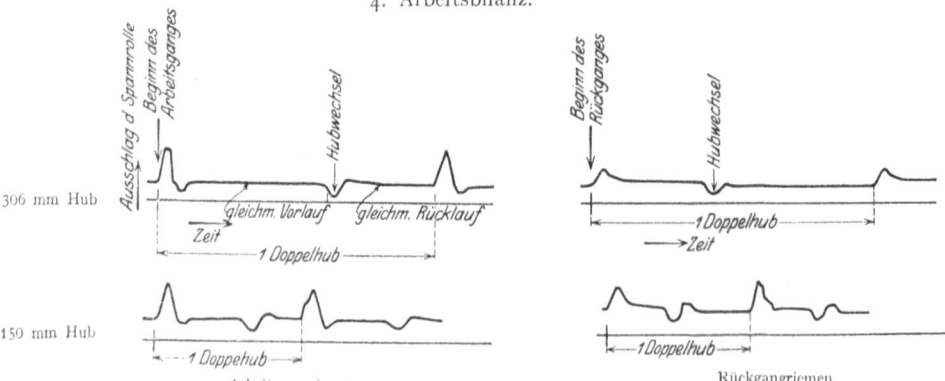

Fig. 26 u. 27. Riemen-Schaulinien.

#### 1. Beziehung zwischen Hublänge und Hubzeit.
(Fig. 28.)

Aus drei Versuchsreihen (bezeichnet mit $M$, $W$, $P$[1]), zwischen denen immer mehrere Jahre liegen, ergab sich sehr genau übereinstimmend die Linie $H$, die ausgesprochenen Hyperbelcharakter hat, als Beziehung zwischen Hublänge und

---
[1] $M$, $W$; $P$, $F$, $Fr$ sind die Anfangsbuchstaben der Namen der Versuchsansteller.

Hubzahl, so daß, wie zu erwarten, die Linien $T$, die die Beziehung zwischen Hublänge und Hubzeit darstellen, Gerade werden.

**Zahlentafel 3.**
Hublänge-Hubzahl-Hubzeit.

| Hublänge | Hubzahl $H$ 1/min | | | Hubzeit $T$ sek | | |
|---|---|---|---|---|---|---|
| $L$ | nach Versuchsreihe | | | | | |
| mm | $M\ W\ P$ | $F$ | $F_r$ | $M\ W\ P$ | $F$ | $F_r$ |
| 25 | 132 | | | 0,455 | | |
| 50 | 86 | 78 | | 0,69 | | 0,77 |
|  | 84,5 | | | 0,71 | | |
|  | 81,5 | | | 0,735 | | |
| 100 | 52,5 | 49,5 | | 1,14 | | 1,21 |
| 150 | 36,8 | 32,7 | 35,5 | 1,63 | 1,89 | 1,69 |
|  | 36,6 | 34,9 | | 1,64 | 1,72 | |
|  |  | 37,2 | | | 1,61 | |
| 168 |  | 31,5 | | | 1,90 | |
| 200 | 27,8 | | 27,5 | 2,16 | | 2,18 |
| 207 |  | 26,5 | | | 2,26 | |
| 214 | 26,1 | | | 2,30 | | |
|  | 26,0 | | | 2,31 | | |
| 215 | 27,0 | | | 2,22 | | |
| 220 |  | 25,0 | | | 2,40 | |
| 240 |  | 23,4 | | | 2,57 | |
| 250 |  | 22,3 | | | 2,69 | |
| 265 |  | 21,4 | | | 2,80 | |
| 296 |  | 19,2 | | | 3,12 | |
| 300 | 18,6 | | 19,0 | 3,22 | | 3,14 |
| 306 | 18,8 | | | 3,19 | | |
| 307 |  | 18,5 | | | 3,24 | |
| 314 | 18,3 | | | 3,27 | | |
| 318 | 18,1 | | | 3,32 | | |
| 328 |  | 17,6 | | | 3,40 | |
| 360 |  | 15,9 | | | 3,76 | |
| 362 |  | 15,8 | | | 3,80 | |
| 371 | 15,75 | | | 3,81 | | |
| 400 |  | | 14,5 | | | 4,14 |
| 414 | 14,3 | | | 4,20 | | |
| 415 | 13,95 | | | 4,29 | | |
| 424 |  | 13,7 | | | 4,38 | |
| 426 |  | 13,65 | | | 4,40 | |
| 426 |  | 13,8 | | | 4,35 | |

Bei diesen Versuchen wurde die Drehzahl des Antriebmotors nicht geregelt, sondern der vereinigte Anlaß-Regelwiderstand des Nebenschlußmotors wurde stets auf ein und dieselbe Stellung eingeschaltet.

Bei den Kontrollreihen $F$ wurde die Drehzahl des Antriebmotors während des gleichmäßigen Vorlaufs mit Hilfe eines in den Stromkreis geschalteten Feinregelwiderstandes eingestellt.

Bei den Kontrollversuchen $F_r$ wurde die dem größten Ausschlag des Tachometers während eines Hubes entsprechende Umdrehungszahl des Motors für jeden Hub abgestoppt. Während des Abstoppens der Hubzeit $T_b$ bei verschiedenen Hublängen wurde stets der Höchstausschlag des Tachometers abgelesen und aus der Eichung (Tachometeranzeige gegen Abstoppen) die dem größten Ausschlag des Tachometers entsprechende Drehzahl des Motors $n$ abgelesen. Aus dieser und aus der beobachteten Hubzeit $T_b$ wurde die Hubzeit $T$ für die mittlere Nenn-Drehzahl des Motors 1460/min. errechnet.

$$T = T_b \cdot \frac{n}{1460}.$$

Die Kontrollreihen decken sich mit den früheren Versuchen. Als Mittel für die Hubzeit $T$ in Sekunden in Funktion der Hublänge $L$ in Metern ergibt sich eine Gerade von der Gleichung:

$$T = L \cdot 9{,}70 + 0{,}245 \text{ (Fig. 28 Linie I).}$$

Wären keine Verluste durch die Umsteuerarbeit und das damit verbundene Gleiten des Reibungskegels und der Riemen auf den Antriebscheiben vorhanden, so ergäbe sich die Beziehung zwischen theoretischer Hubzeit ohne Umsteuerungsverluste und Hublänge als eine Gerade durch den Nullpunkt. Ihre Gleichung läßt sich errechnen aus $v_A$ und $v_R$:

$t_A$ . . . . . . Zeit für einen Hinlauf ist gleich $\frac{L}{v_A}$,

$t_R$ . . . . . . „ „ „ Rücklauf „ „ $\frac{L}{v_R}$,

$v_A = 9{,}72$ m/min,

$v_R = 15{,}44$ m/min,

$$T^{\min} = t_A + t_R = L^m \left(\frac{1}{v_A} + \frac{1}{v_R}\right)$$

$$= L^m \frac{9{,}72 + 15{,}44}{9{,}72 \cdot 15{,}44} = L^m \cdot 0{,}1676,$$

$$T^{\text{sek}} = L^m \cdot 0{,}1676 \cdot 60$$

$$= L^m \cdot 10{,}056 \text{ (Fig. 28, Linie II).}$$

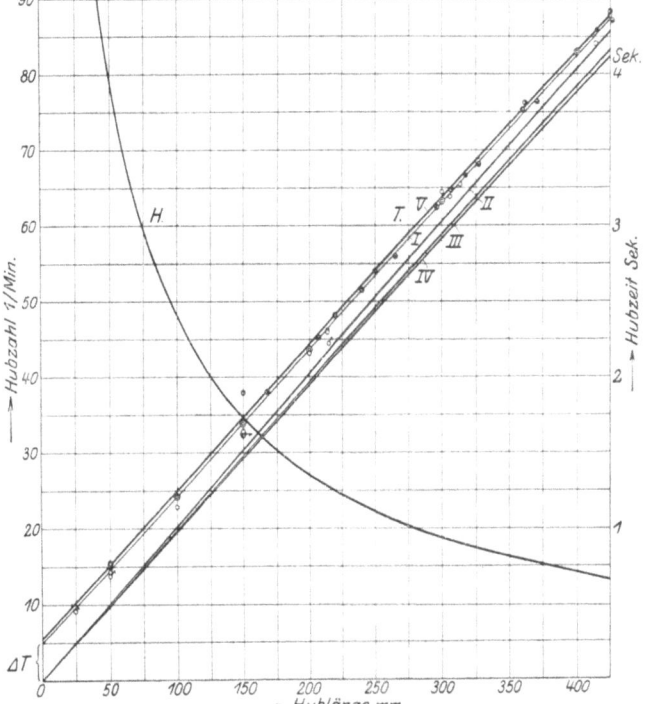

Fig. 28. Beziehung zwischen Hubzahl, Hubzeit und Hublänge.
○ = Versuchsreihe $M$; ● = Versuchsreihe $W$; ☿ = Versuchsreihe $P$;
◐ = Versuchsreihe $F$; ◎ = Versuchsreihe $F_r$.

Es zeigt sich nun, daß anscheinend der absolute Zeitverlust infolge der Umsteuerung bei zunehmender Hublänge immer kleiner wird, da die Linie $I$ und $II$ konvergieren. Die Erklärung liegt darin, daß Linie $II$ für eine mittlere Drehzahl von 1460 1/min. errechnet wurde, Linie $I$ bei der tatsächlichen Drehzahl des Motors beobachtet und auf eine mittlere Drehzahl des Motors von 1460 1/min. umgerechnet wurde, daß aber diese mittlere Drehzahl des Motors ein Mittelwert ist zwischen den Drehzahlen beim Vor- und Rücklauf und der infolge der großen Arbeit während der Umsteuerperiode stark verringerten Drehzahl. Die wirkliche Drehzahl beim Vor- und Rücklauf also größer, als die mittlere Drehzahl während eines Doppelhubes. Theoretisch muß dieser Zeitverlust infolge der Umsteuerung konstant sein. Von den kurzen Hüben abgesehen, bei denen der Stößel beim Arbeits- und Rückgang nicht die volle Geschwindigkeit erreicht, hat der Stößel bei Beginn der Umsteuerung nach dem Arbeits- bzw. Rückgang eine konstante lebendige Kraft, gegeben durch $\frac{1}{2}m \cdot v^2$. Diese Energie wird am Hubende abgebremst durch Reibung und durch Stoß. Die Reibung ist bedingt durch den Umsteuerkegel[1]) und ist, da dieser immer mit etwa derselben Kraft: Stößelstoß + Dachfederdruck angepreßt wird, konstant. Der zweite Stoß gegen den Umsteuerhebel $g$ (vgl. S. 8) beim Rücklauf ist von der vorhergegangenen Abbremsung durch die Reibung abhängig

---

[1]) Von der Reibung in Lagern, Führungen usw. kann hier abgesehen werden, da diese Werte angenähert konstant bleiben.

und kann auch konstant gemacht werden. Die Beschleunigung vom Stillstand zur Arbeits- bzw. Rücklaufgeschwindigkeit erfolgt durch die Reibung am Umsteuerkegel. Man kann annehmen, daß im Beharrungszustand der arbeitenden Maschine sowohl die bremsenden Reibungskräfte wie die das Einpressen des Reibkegels bewirkenden Stoßkräfte, gesichert durch die Zusatzkraft der Dachfeder, für alle Hublängen konstant sein werden, also auch die Beschleunigung. Sind die Kräfte für Abbremsen und Beschleunigen für alle Hublängen aber konstant, so müssen auch die Wege und Zeiten hierfür konstant sein, da dem Stößel jeweils eine konstante lebendige Kraft erteilt werden muß.

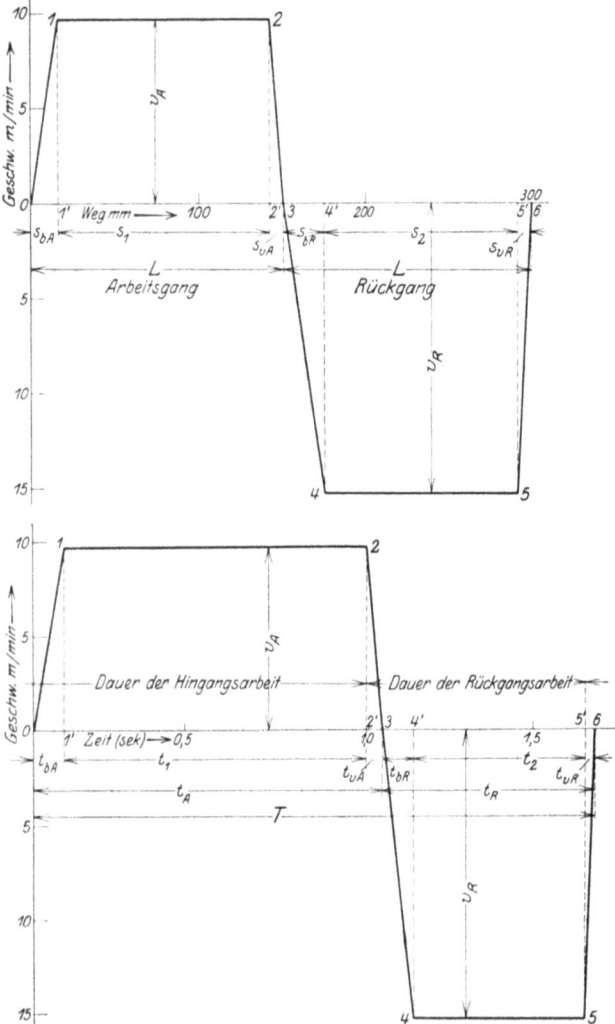

Fig. 29 u. 30. Theoretisches Weg-Geschwindigkeit- und Zeit-Geschwindigkeit-Schaubild für einen Doppelhub.

Nimmt man nun den Zeitverlust für die Umsteuerung konstant für alle Hublängen und gleich dem durch Extrapolation gefundenen Wert $T$, aus Linie $I$ für $L = 0$, $= \varDelta T$

$$\varDelta T = 0{,}245 \text{ Sekunden},$$

so ergibt sich die Gleichung für die Hubzeit **ohne Umsteuerung** in Funktion der Hublänge

$$T = L \cdot 9{,}70 + 0{,}245 - 0{,}245 = L \cdot 9{,}70.$$

Diese Gerade (Fig. 20 Linie $IV$) ergibt die Geschwindigkeiten:

$$v_A = 10{,}09 \text{ m/min}, \quad v_R = 16{,}005 \text{ m/min},$$

entsprechend einer minutlichen Umdrehungszahl des Motors während des gleichmäßigen Vor- und Rücklaufes von:

$$n = 1513{,}5.$$

Bei Zugrundelegung der von F beobachteten Drehzahl von $n = 1500$ während des gleichmäßigen Vorlaufs und unter Annahme derselben Drehzahl für den gleichmäßigen Rücklauf, erhält man

$$v_A = 9{,}989 \text{ m/min}, \quad v_R = 15{,}87 \text{ m/min}$$

und $\quad T = 9{,}7888 \cdot L \quad$ (Fig. 20 Linie $III$).

Da Linie $IV$ aus der tatsächlich beobachteten Linie $I$ durch eine theoretische Annahme gefunden, Linie $III$ aber aus der wirklich beobachteten Motordrehzahl errechnet wurde und beide Linien so nahe aneinander liegen, daß man sie mit Rücksicht auf die Größenordnung der Versuchsfehler als zusammenfallend bezeichnen kann, ergibt sich die Schlußfolgerung: die aus den Konstruktionsangaben der Maschine errechnete Linie $II$, mit der die Konstruktionspraxis bisher rechnen mußte, stimmt mit dem tatsächlichen Arbeitszustand der Maschine nicht überein. Dagegen ist die Annahme eines angenähert konstanten Zeitverlustes für die Umsteuerung berechtigt.

Auf Grund dieses Schlusses wird nun unter Beobachtung verschiedener Weggrößen bei der Umsteuerung und daraus folgenden Annahmen eine Hubzeit-Hublängelinie $V$ berechnet.

Zur angenäherten Bestimmung der Hubzeit in Funktion der Hublänge einschließlich Verluste durch die Umsteuerung werden folgende Annahmen gemacht:

Der Verzögerungsweg beim Arbeits- und Rückgang, $s_{vA}$ und $s_{vR}$, Fig. 29—30, sei begrenzt durch die Stellung des Umsteuerhebels $g$ beim Lösen der Kupplung und durch die Endstellung des Umsteuerhebels ohne Formveränderung (vgl. S. 8). Der Gesamtweg des Umsteuerhebels, z. B. beim Rückgang von der inneren Endstellung bis zur äußeren Endstellung, beträgt 11 mm, von der inneren Endstellung bis zum Lösen der Kupplung 3 mm, also der Weg $l$ vom Lösen der Kupplung bis zur äußeren Endstellung

$$l = 11 - 3 = 8 \text{ mm},$$
$$s_{vA} = s_{vR} = l.$$

Da bei dem Beschleunigungswege die Wirkung der Stöße während der Verzögerung ausfällt, muß der Beschleunigungsweg größer sein als der Verzögerungsweg und entsprechend den zu erreichenden Geschwindigkeiten beim Rückgang größer als beim Arbeitsgang. Aus einer größeren Reihe von Versuchen (Fr.), deren Auswertung in Einzelbeispielen in Fig. 34 bis 39 und 40—45 erscheint, ist die Annahme berechtigt, daß der Beschleunigungsweg beim Arbeitsgang $s_{bA}$ etwa doppelt, der beim Rückgang $s_{bR}$ etwa dreimal so groß als der Verzögerungswert ist.

$$s_{bA} = 2l; \quad s_{bR} = 3l.$$

Die Beschleunigung bzw. Verzögerung sei konstant.

Daraus ergibt sich unter Zugrundelegung der tatsächlichen gleichförmigen Arbeits- und Rücklaufgeschwindigkeit $v_A = 10{,}09$ m/min, $v_R = 16{,}005$ m/min die Beziehung zwischen $T$ und $L$.

$$T = t_A + t_R,$$
$$t_A = \frac{L - 3l}{v_A} + \frac{l}{\frac{1}{2} \cdot v_A} + \frac{2 \cdot l}{\frac{1}{2} \cdot v_A} = \frac{L + 3l}{v_A},$$
$$t_R = \frac{L - 4l}{v_R} + \frac{l}{\frac{1}{2} \cdot v_R} + \frac{3l}{\frac{1}{2} \cdot v_R} = \frac{L + 4l}{v_R},$$
$$T = \frac{L + 3 \cdot l}{v_A} + \frac{L + 4l}{v_R} = \frac{L \cdot (v_A + v_R)}{v_A \cdot v_R} + \frac{l \cdot (3 v_R + 4 v_A)}{v_A \cdot v_R}$$
$$= L \cdot 9{,}70 + 0{,}265 \text{ (Fig. 28 Linie } V).$$

Diese Gerade deckt sich fast genau mit der wirklich beobachteten Hubzeit-Hublängelinie. Gegenüber diesen vereinfachenden Annahmen zeigen die tatsächlichen Weg-Zeit-Linien des Stößels und die daraus entwickelten Geschwindigkeit-Zeit-Schaubilder des Stößels sehr verwickelte Formen, wie im nächsten Abschnitt gezeigt werden wird.

### 2. Stößelgeschwindigkeit und Hubzeit.
(Theoretisches Bild der Stößelgeschwindigkeit Fig. 29—30.)

Eine unmittelbare Bestimmung der Stößelgeschwindigkeit während des gleichmäßigen Vor- und Rücklaufes mit Hilfe der gebräuchlichen Tachometer und Tachographen mußte versagen, da gegenüber dem Stoß bei der Umsteuerung die Zeit für das Ausschwingen des Instrumentes um auf die gleichmäßige Geschwindigkeit zu kommen, zu kurz ist. Deshalb erfolgte diese Bestimmung aus den Weg-Zeit-Schaubildern (Fig. 31-33). Da sich zeigt, daß die Schwingungen des Maschinengestells den Charakter der Weg-Zeit-Linie des Stößels gerade an der für die Auswertung wichtigen Stelle entscheidend verändern, wurde die Weg-Zeit-Linie des Maschinengestells (Fig. 32) von der des Stößels (Fig. 31) abgezogen und die so ermittelte Weg-Zeit-Linie des Stößels gegen das Maschinengestell (Fig. 33) zur Auswertung herangezogen. Darin sei:

- $s$ Weg des Stößels in einem beliebigen Punkt,
- $t$ Zeit des Stößels in einem beliebigen Punkt,
- $L$ Weg für einen einfachen Hub,
- $T$ Zeit für einen Doppelhub,
- $t_A$ Zeit für einen Arbeitsgang,
- $t_R$ Zeit für einen Rückgang,

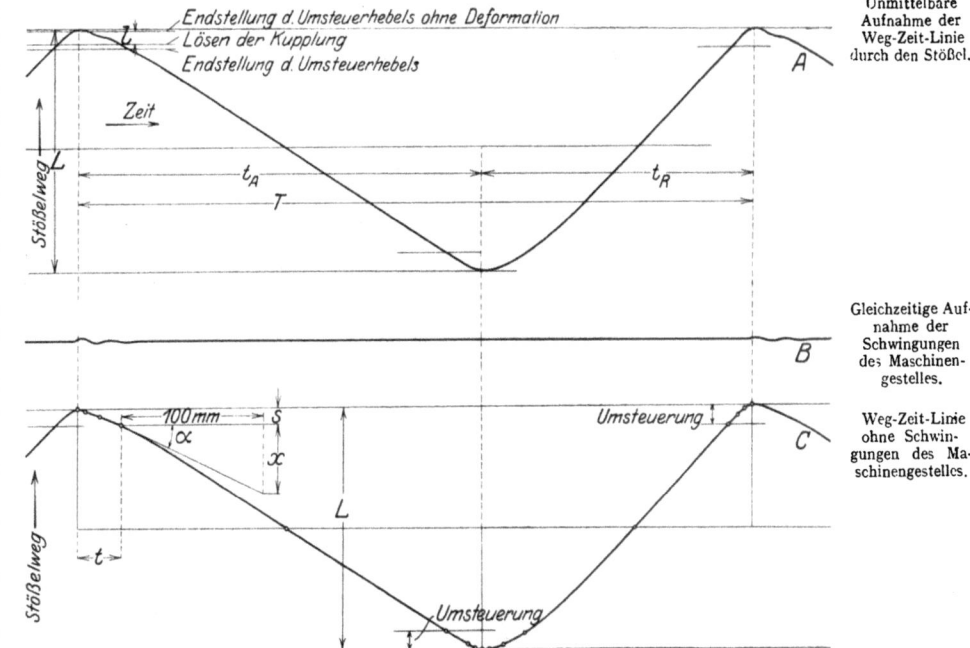

Fig. 31—33. Weg-Zeit-Linie des Stößels mit Berücksichtigung der Schwingungen des Maschinengestells.

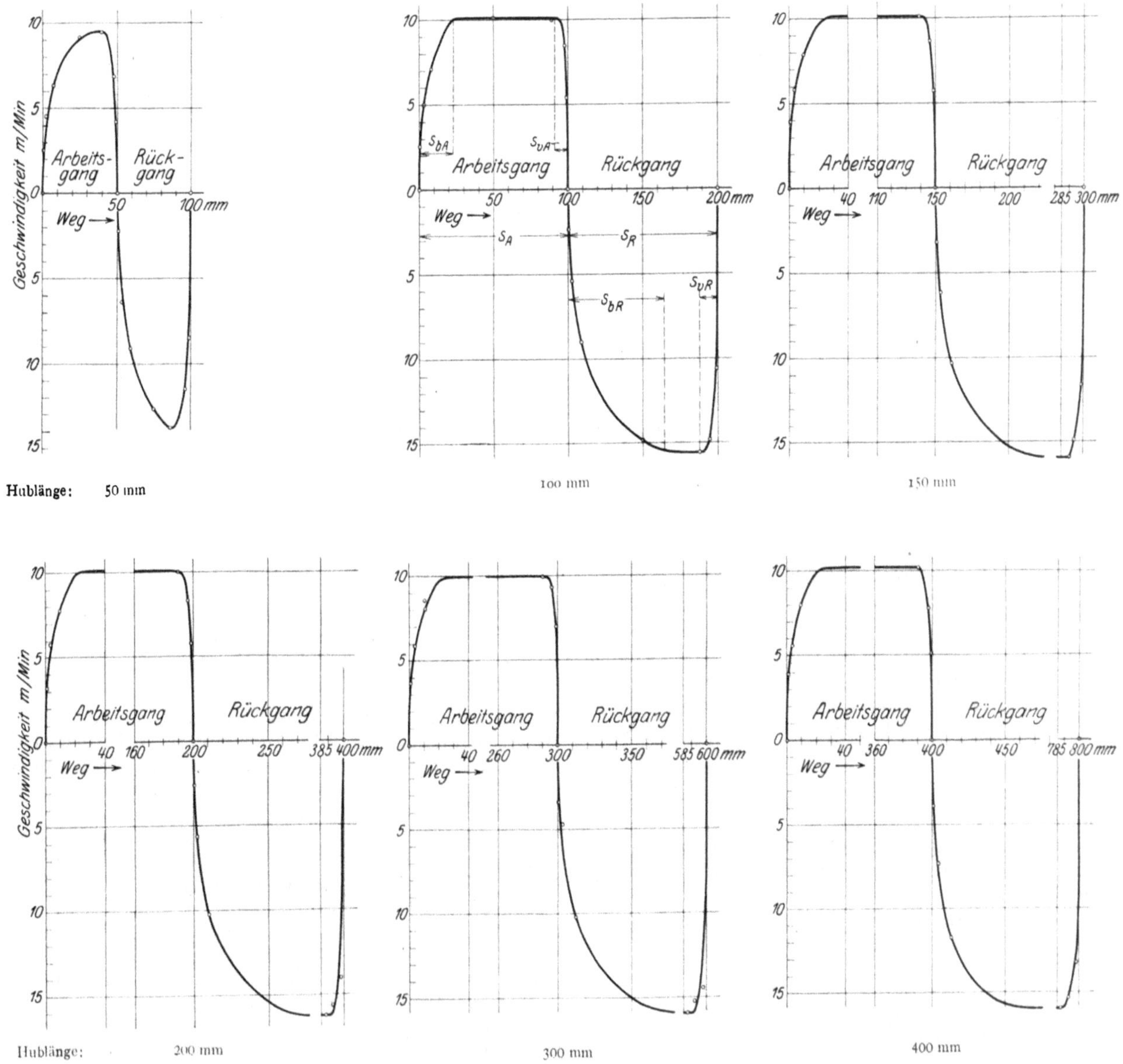

Fig. 34—39. Geschwindigkeit-Weg-Schaubilder des Stößels.

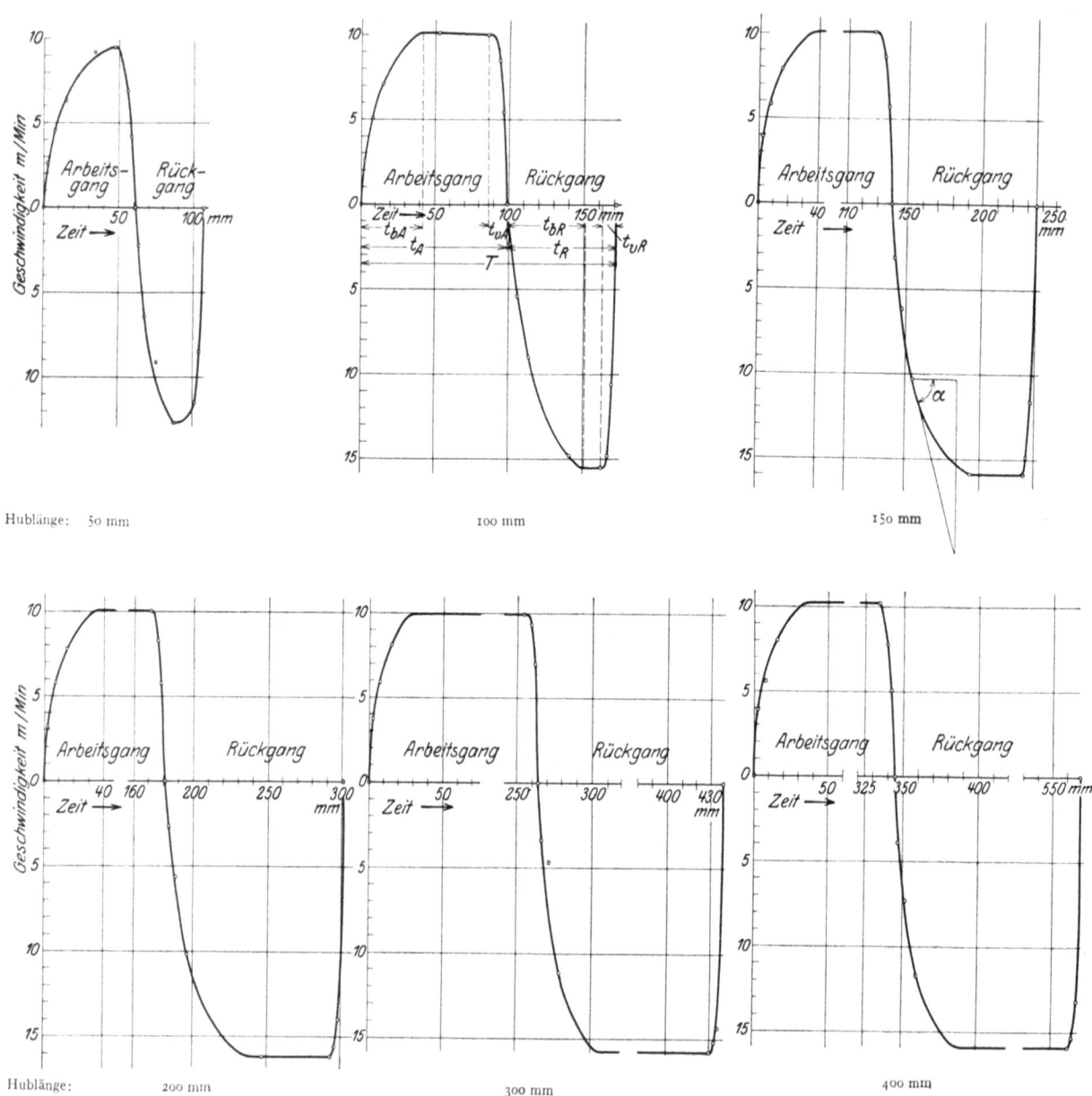

Fig. 40—45. Geschwindigkeit-Zeit-Schaubilder des Stößels. Zeitmaßstab: 100 mm = 0,7 Sek.

$v_A = \dfrac{ds}{dt} = \operatorname{tg}\alpha$ Stößelgeschwindigkeit beim Arbeitsgang,

$v_R = \dfrac{ds}{dt} = \operatorname{tg}\alpha$ ,, ,, Rückgang,

$n$ mittlere beobachtete Drehzahl des Motors während des Versuches.

In diesen Schaubildern ist der Weg $s$ in wahrer Größe aufgezeichnet, der Maßstab für $t$ und $T$ muß aber erst bestimmt werden. Um bei dieser Bestimmung von den Ungleichförmigkeiten der Schreibtrommelumdrehungen unabhängig zu sein, wurde nicht ihre Umdrehungszahl bestimmt, sondern der folgende indirekte Weg eingeschlagen: In den Schaubildern sind die Werte von $T$ in Millimeter aufgezeichnet, die Werte von $n$ wurden während der Schaubildaufnahme am Tachometer bestimmt.

Nun wurden aus Fig. 28 die Werte von $T$ in Sekunden für dieselbe Hublänge bei der normalen Motordrehzahl $n = 1460$ bestimmt und zu den obigen Werten ins Verhältnis gesetzt:

$T$ mm · Zeitmaßstab sek: $T$ sek $= 1460 : n$.

Zeitmaßstab sek/mm: $\tau = (1\,\text{mm})\,\text{sek/mm} = \dfrac{T_{(\text{sek})} \cdot 1460}{T_{(\text{mm})} \cdot n}$,

ferner

$v_A$ bzw. $v_R = \dfrac{ds(\text{mm})}{dt(\text{sek})}$,

$dt(\text{sek}) = dt(\text{mm}) \cdot \tau$,

andererseits ist aus Fig. 33:

$\dfrac{x}{100} = \dfrac{ds(\text{mm})}{dt(\text{mm})} = \operatorname{tg}\alpha$,

$v_A$ bzw. $v_R = \dfrac{x}{100} \cdot \dfrac{1}{\tau}$ mm/sek

$= \dfrac{x}{100} \cdot \dfrac{\frac{1000}{1}}{\frac{1}{60}} \cdot \dfrac{1}{\tau} = \dfrac{x}{\tau} \cdot \dfrac{6}{10\,000}$ m/min.

Die ermittelten Werte sind in Fig. 34—39 als Funktion des Weges, in Fig. 40—45 als Funktion der Zeit als Mittelwert aus je 3 Weg-Zeit-Linien aufgetragen; die daraus errechneten Geschwindigkeitswerte des gleichmäßigen Vorlaufs $v_A$ und des gleichmäßigen Rücklaufs $v_R$ sind in Fig. 46 für die einzelnen Hübe aufgetragen, nachdem die aus Fig. 34—39 abgegriffenen Werte entsprechend der beobachteten mittleren Drehzahl des Motors $n$ auf die Nenn-Drehzahl 1460 Uml./min reduziert worden sind.

Es zeigt sich die Richtigkeit der bei Fig. 28 gemachten Schlußfolgerung, daß die Motordrehzahl beim gleichmäßigen Vor- und Rücklauf höher ist, als die mittlere Drehzahl, die ein Mittel aus den Drehzahlen beim Vor- und Rücklauf und der verzögerten Drehzahl bei der Umsteuerung ist.

Denn es ist:

1. die tatsächlich beobachtete Stößelgeschwindigkeit für Hübe von 150 bis 400 mm, und zurückgerechnet von

der beobachteten mittleren Drehzahl auf die Nenn-Drehzahl 1460 Umdr./min, vgl. Fig. 46,
$$v_A = 9{,}8 \text{ m/min}, \quad v_R = 15{,}5 \text{ m/min};$$

2. die theoretischen Geschwindigkeiten aus den Konstruktionszahlen und der Nenn-Drehzahl des Motors 1460/min gerechnet (vgl. S. 6):
$$v_A = 9{,}7 \text{ m/min}, \quad v_R = 15{,}44 \text{ m/min};$$

3. für Drehzahlen beim gleichmäßigen Vor- und Rücklauf nach Fig. 28 IV ohne Umsteuerverluste (vgl. S. 14):
$$v_A = 10{,}09 \text{ m/min}, \quad v_R = 16{,}0 \text{ m/min}.$$

Die angenäherte Übereinstimmung der tatsächlich beobachteten Stößelgeschwindigkeiten (zu 1.) mit den theoretischen (zu 2.) entsteht offenbar dadurch, daß der Geschwindigkeitszuwachs während des gleichmäßigen Vor- und Rücklaufes durch den Riemenrutsch aufgewogen wird.

### 3. Umsteuerung.

α) Umsteuerarbeit.

1. **Rechnerisch.** Mit den obigen, Fig. 46, mittleren Geschwindigkeiten $v_A = 9{,}8$ m/min, $v_R = 15{,}5$ m/min ergibt sich die Umsteuerarbeit für $n = 1460$ Umdr./min:

Ursprüngliche Anordnung ohne Meßdose:
$$A_U = 0{,}197 \text{ KW/sec.}$$

Ursprüngliche Anordnung mit Meßdose:
$$A_{UM} = 0{,}201 \text{ KW/sec.}$$

2. Aus der Weg-Zeit-Linie des Stößels (Fig. 33): Es ist die Umsteuerarbeit gleich
$$A_U = \int P \cdot ds = \int M \cdot p \cdot ds = M \cdot \int p \cdot ds.$$

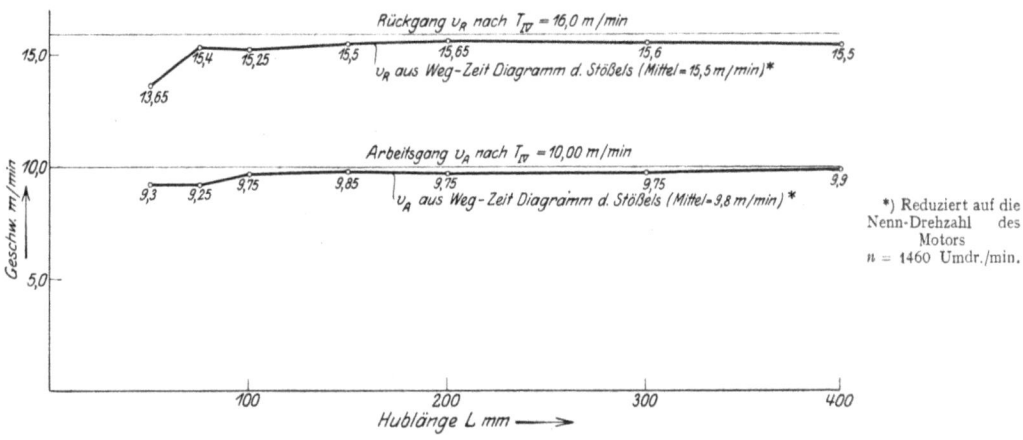

Fig. 46. Gleichförmige Stößel-Geschwindigkeiten für Arbeitsgang und Rückgang bei verschiedenen Hublängen.

*) Reduziert auf die Nenn-Drehzahl des Motors $n = 1460$ Umdr./min.

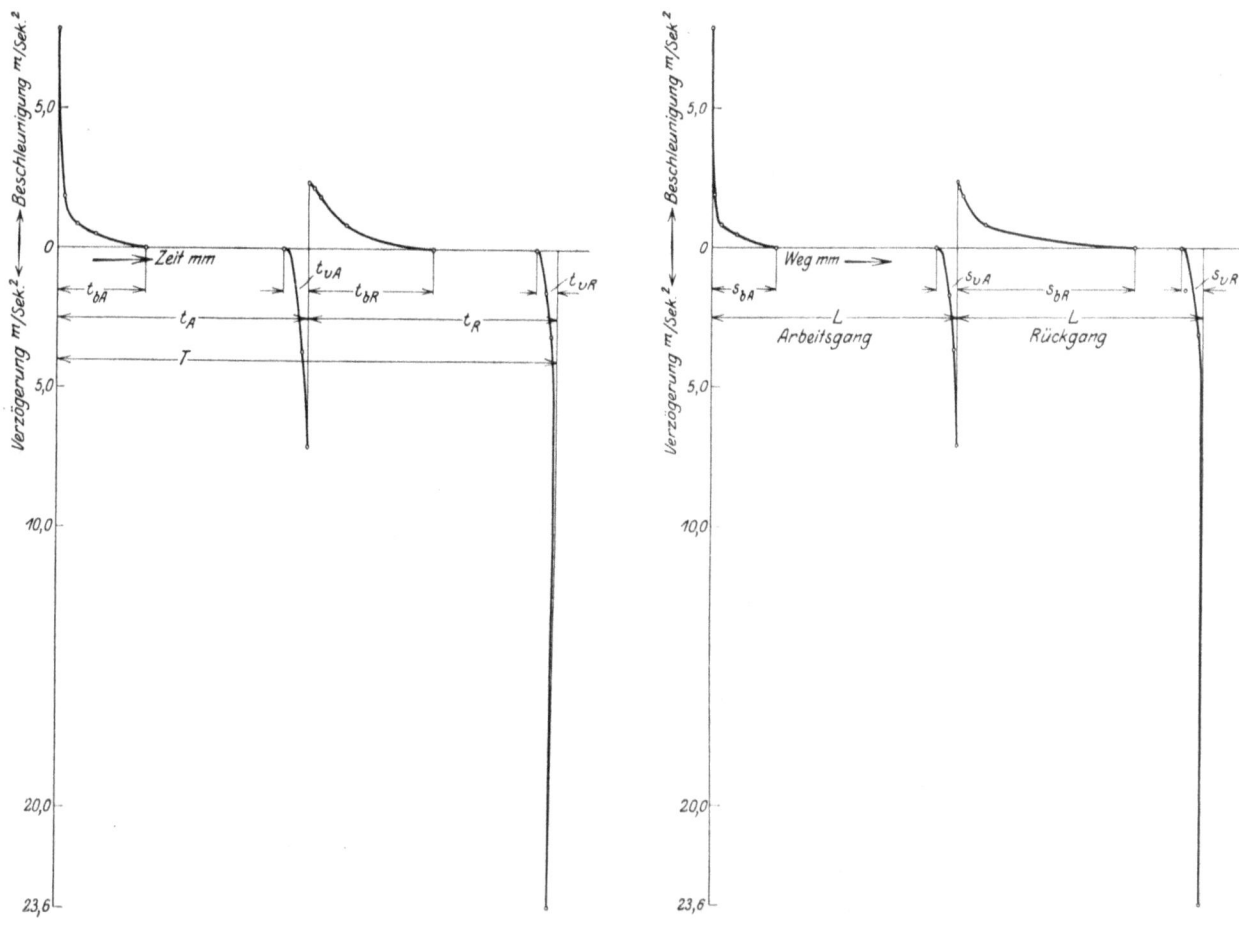

Fig. 47 u. 48. Beschleunigungszeit- und Beschleunigungsweg-Schaubild des Stößels.

Um den Wert $\int p \cdot ds$ für einen Doppelhub zu erhalten, wurde durch Differentiation des Zeit-Geschwindigkeitschaubildes (Fig. 40—45) für die Hublänge 150 bis 400 mm das Zeit-Beschleunigungschaubild (Fig. 47) erhalten. Da die Beziehung zwischen Zeit und Weg durch Fig. 33 gegeben ist, so ist damit auch das Weg-Beschleunigung-Schaubild (Fig. 48) gefunden, aus dem der Wert $\int p \cdot ds$ durch Planimetrieren gefunden werden kann.

Es ergibt sich für $\int p \cdot ds$ bei der während der Schaubildaufnahme beobachteten mittleren Drehzahl $n = 1500$ l/min für einen Doppelhub $= 0{,}1076$ m²/sek.² Damit ist:

$$A_U = 214{,}63 \cdot 0{,}1076 \cdot \frac{9{,}81}{1000} = 0{,}226 \text{ KW.sek.}$$

$$A_{UM} = 218{,}58 \cdot 0{,}1076 \cdot \frac{9{,}81}{1000} = 0{,}23 \text{ KW.sek.}$$

Rechnet man nun mit den tatsächlich beobachteten, nicht reduzierten, Geschwindigkeiten des gleichmäßigen Vor- und Rücklaufes $v_A = 10{,}07$ und $v_R = 15{,}92$ m/min, die bei einer mittleren Motordrehzahl von 1500 Umdr./min erhalten wurden (vgl. Fig. 46), die mit den Geschwindigkeiten der Linie $IV$ Fig. 28, beinahe zusammenfallen, so ergibt sich rechnerisch die Umsteuerarbeit:

$$A_U = 0{,}208 \text{ KW.sek,}$$
$$A_{UM} = 0{,}212 \text{ KW.sek.}$$

Da das Gesetz $A = \tfrac{1}{2} M \cdot v^2$ für: Anfangsgeschwindigkeit $= v$ bis Endgeschwindigkeit 0 allgemein gilt und die Arbeit durch Differenzieren der Zeit-Wegschaulinie erhalten worden ist, ist die Abweichung von rd. 5 vH auf unvermeidliche Fehler im Differenzieren zurückzuführen und auch zu vernachlässigen.

3. Aus den KW-Schaubildern. Da infolge der Schwingungen der Zeigerinstrumente ein Ablesen der in den einzelnen Perioden des Doppelhubes wirklich aufgewendeten elektrischen Energie unmöglich war, wurden die Mittelwerte aus dem Schaubild des selbstschreibenden KW-Messers entnommen.

Das Nacheilen dieses Instrumentes ist ohne Einfluß, da die Perioden immer vollständig gleichmäßig wiederkehren, das Schaubild immer mindestens 1 Minute lang aufgezeichnet und der Mittelwert für die gesamte Leerlaufleistung aus einer genügenden Anzahl Einzelwerte eines Doppelhubes durch Planimetrieren bei Parallelkoordinaten und mit Berücksichtigung des veränderlichen Maßstabes durch Streifenzerlegung bei Bogenkoordinaten bestimmt wurde.

Für die folgenden Erörterungen gilt die Zeichenerklärung:

$A$ .. Arbeit/Doppelhub in KW.sek.
$A_L$ .. Leerlaufarbeit in KW.sek.
$A_S$ .. Stößelverschiebearbeit in KW.sek,
$A_U$ .. Umsteuerarbeit/Doppelhub,
$A_{SP}$ .. reine Spanarbeit gleich Schnittlänge mal Stahldruck.
$A_{RSP}$ .. zusätzliche Reibungsarbeit,
$v_A$ Arbeitsgang
$v_R$ Rückgang $\}$ Stößelgeschwindigkeit, gefunden durch Differentiation der Zeit-Weg-Linien = der tatsächlichen Geschwindigkeit während des gleichmäßigen Arbeits- und Rücklaufes bei der beobachteten mittleren Motordrehzahl $n$ und reduziert auf die Nenn-Drehzahl des Motors von 1460/min.

$N$ .. Gesamtleistung in KW.
$N_L$ .. Leerlaufleistung in KW,
$N_S$ .. Stößelverschiebeleistung in KW, erforderlich für die leere Hin- oder Rückverschiebung des Stößels, ohne daß geschnitten wird.
$N_U$ .. Umsteuerleistung, erforderlich zum Verzögern und Beschleunigen aller, — das ist der hin und her gehenden und kreisenden — Massen im Hubwechsel.
$N_{SP}$ .. reine Spanleistung.
$N_{RSP}$ .. zusätzliche Reibungsleistung in Lagern und Führungen bei Belastung der Maschine durch die Spanabnahme.

$L$ Länge des einfachen Stößelhubes.
$H$ Hubzahl/min (unter Hub ist immer ein Doppelhub zu verstehen).
$T$ Hubzeit für einen Doppelhub.

Zur Ermittlung der Umsteuerarbeiten wurden bei verschiedenen Hublängen Leerlaufversuche gemacht, wobei die Motorverluste nach der Wirkungsgradkurve (Fig. 49) abgezogen wurden. Die Versuche der Reihe $M$ (Fig. 54—58) sind ohne

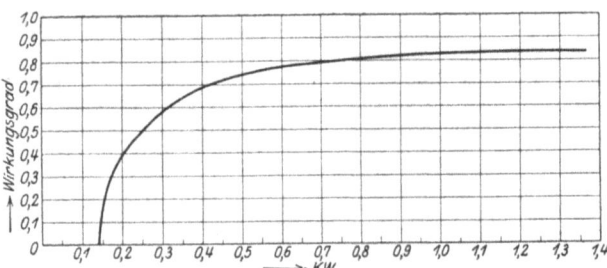

Fig. 49. Wirkungsgradkurve des Elektromotors. 1 PS. 220 V. 4,25 A.

die Meßdosenausrüstung des Stößels gemacht worden, weshalb in der folgenden Reihe $W$ zwei Versuchsreihen (Fig. 59), eine ohne Meßdosenausrüstung und eine mit Meßdosenausrüstung, ausgeführt werden mußten. Der Unterschied zwischen den Linien $M$ und $W$ ohne Meßausrüstung zeigt den Einfluß der Nachstellungen an Schienen, Lagern, kurzum des Zustandes der Maschine infolge ihre Verwendung als Arbeitsmaschine in der Zwischenzeit von zwei Jahren. Der Unterschied zwischen den Linien $W$ ohne und $W$ mit Meßausrüstung entspricht dem Einfluß des durch die Meßdoseneinrichtung vergrößerten Stößelgewichtes. Für die theoretische Umsteuerarbeit macht aber die Vermehrung des Stößelgewichtes wegen dessen geringer Geschwindigkeit nur ungefähr 2 vH aus, so daß der Näherungswert der wirklichen Umsteuerarbeit aus allen drei Linien in folgender Weise bestimmt wird:

Der gesamte Arbeitsverbrauch eines Doppelhubes $A$ der Maschine setzt sich zusammen aus der Stößelverschiebearbeit $A_S$ und der Umsteuerarbeit $A_u$ . . . . . . $A = A_S + A_u$.

Da die Größe der Umsteuerarbeit für einen Doppelhub $A_u$ nur von der Masse der umgesteuerten Teile und ihrer Geschwindigkeit abhängig ist, bleibt (vom Riemengleiten vorläufig abgesehen) $A_u$ bei den verschiedenen Hublängen gleich. Der Arbeitsverlust durch Riemengleiten ist wiederum beim Leerlauf nur von der Geschwindigkeit der umgesteuerten Teile und der zu ihrer Verzögerung und Beschleunigung notwendigen Zeit abhängig.

Dagegen ist die Stößelverschiebearbeit $A_S$ unmittelbar der Hublänge proportional:

Wenn man nun die Hublänge immer kleiner werden läßt, so wird ein immer kleinerer Teil der Gesamtarbeit für die Stößelverschiebearbeit verwendet, bis schließlich bei der Hublänge Null (theoretisch) die gesamte Arbeit nur Umsteuerarbeit wird.

Man verlängert also die Linien in Fig. 59 bis zum Schnitt mit der Ordinatenachse und erhält den Bruttowert der Umsteuerarbeit. Der Unterschied gegen die theoretische Umsteuerarbeit enthält Verluste durch Lagerreibung, Riemengleiten, Stoß usw.

Nach Fig. 50—59 ergibt sich ein Wert von rd. 0,32 KW.sek Umsteuerarbeit/Doppelhub gegen rd. 0,21 KW.sek theoretischen Wert.

β). **Umsteuerzeiten und -wege.**

Da die Bestimmung der einzelnen Größen — Zeit, Kraft und Weg — schwierig und mit unkontrollierbaren Beobachtungsfehlern verbunden ist, wurden die Umsteuerzeiten und die Stößelwege während der Umsteuerung auf mehreren Wegen bestimmt, und zwar:

I. aus den KW-Schaubildern,
II. aus dem Hubzeit-Hublänge-Schaubild.
III. aus den Weg-Zeit-Linien.

Es bezeichne in Fig. 29—30:

$t_{bA}$... die Zeit, um die umzusteuernden Teile von Geschwindigkeit Null auf $v_A$ zu beschleunigen;

$t_{bR}$... desgleichen von Null auf $v_R$;

$\left.\begin{array}{l}s_{bA}\\s_{bR}\end{array}\right\}$ die entsprechenden Stößelwege;

$t_{vA}$ die Zeit, um die umzusteuernden Teile von Geschwindigkeit $v_A$ auf Null zu verzögern;

$t_{vR}$ desgleichen von Geschwindigkeit $v_R$ auf Null.

$\left.\begin{array}{l}s_{vA}\\s_{vR}\end{array}\right\}$ die entsprechenden Stößelwege.

I. Aus den KW-Schaubildern (Zahlentafel 4).

Nun kann man aber aus den Schaulinien des selbstschreibenden KW-Messers die Zeit bestimmen, die für die gesamte Periode 2'—3—4' oder 5'—6—1' (vgl. Fig. 29—30) notwendig ist, wenn auch nicht übersehen werden darf, daß die Trägheit

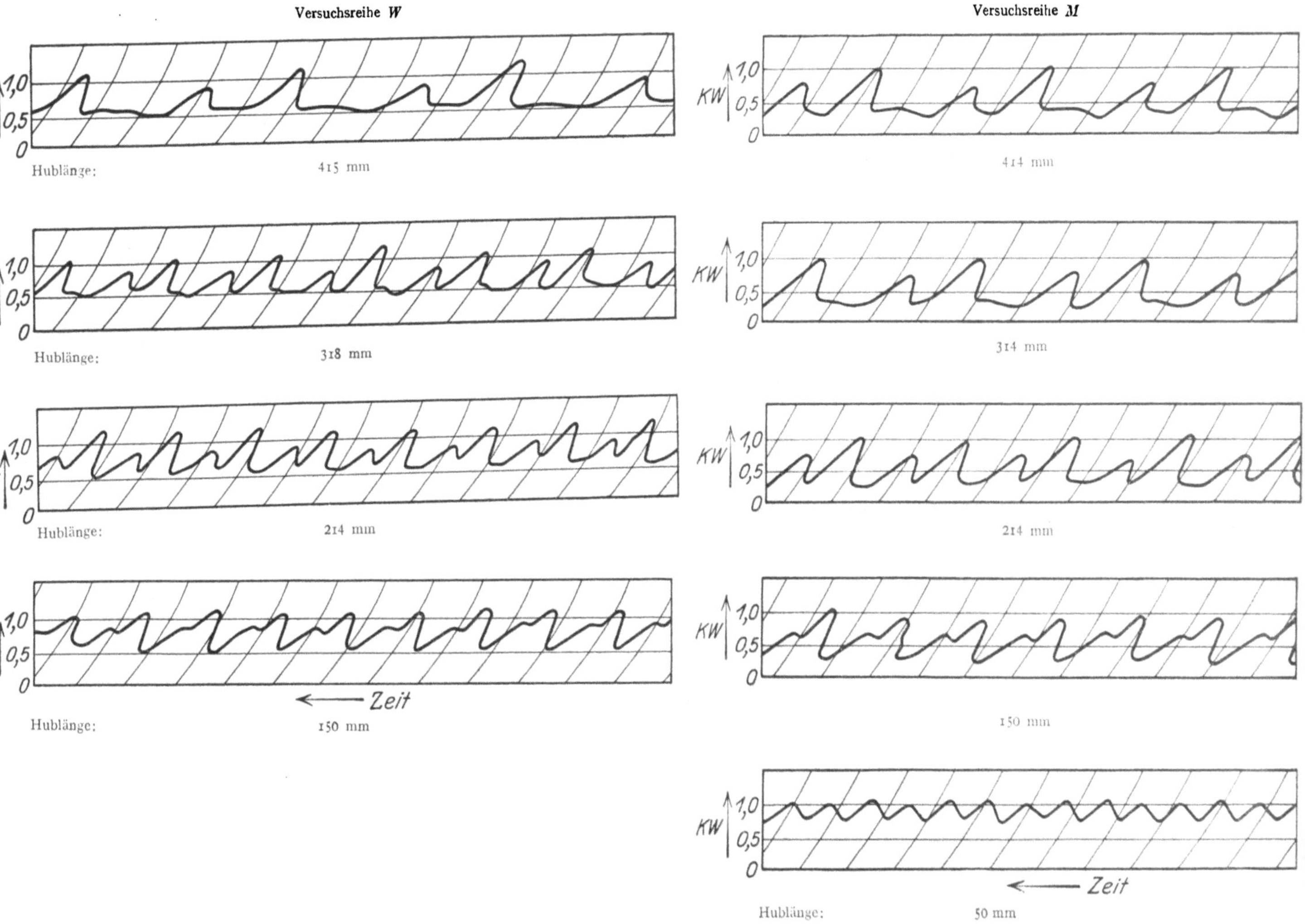

Fig. 50—58. Leistungsschaubilder bei Leerlauf für verschiedene Hublängen. Ungeänderte Maschine ohne Meßdosenausrüstung.

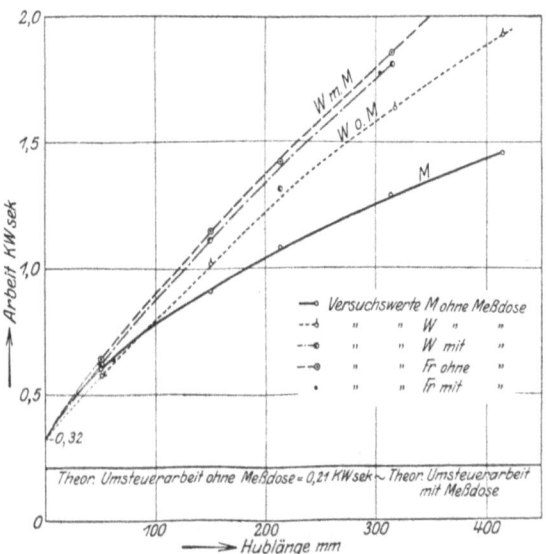

Fig. 59. Bestimmung der Umsteuerarbeit durch Extrapolation.

des Instruments zu Ungenauigkeiten Veranlassung gibt. Da sich auch bei der Kleinheit der Schaubilder selbst die Punkte, an denen die Umsteuerung beginnt und endet, nicht so genau feststellen lassen, wurde dieser Fehler dadurch möglichst verkleinert, daß sowohl die ganzen Hublängen wie die Umsteuerlängen als Mittel aus je 10 verschiedenen Schaulinien genommen wurden.

Da der Verzögerungsweg durch die Maschinenkonstruktion begrenzt ist und mit rd. 8 mm gemessen wurde (vgl. S. 14, Weg des Umsteuerhebels), so kann bei Annahme gleichmäßig verzögerter Bewegung die Zeit für die Verzögerung errechnet werden. Die Beschleunigungszeit ergibt sich als Differenz der aus den KW-Schaubildern ermittelten Zeit für die gesamte Umsteuerperiode und der errechneten Verzögerungszeit. Der Beschleunigungsweg errechnet sich aus der Beschleunigungszeit und der Annahme der gleichförmigen Beschleunigung der Geschwindigkeit bis auf $v_A$ bzw. $v_R$; es ergibt sich dann aus den Versuchen der Reihe $W$ die Zahlentafel 4.

II. Aus dem Hubzeit-Hublänge-Schaubild.

Aus der wirklichen Hubzeit-Hublängelinie (Fig. 28) $I$ und der ihr entsprechenden theoretischen Hubzeit-Hublängelinie $IV$ ergibt sich der Unterschied beider Ordinaten als

**Zahlentafel 4** (zu Fig. 50—58).

Bestimmung der Beschleunigungswege und -zeiten aus den KW-Schaulinien.

| Hub | | | Schaubild | | $t_{bA}$ und $s_{bA}$ | | | | | $t_{bR}$ und $s_{bR}$ | | | | | Bemerkungen |
|---|---|---|---|---|---|---|---|---|---|---|---|---|---|---|---|
| Länge mm | Zahl $H$/min | Zeit sek | Länge mm | 1 mm = sek | $t_{vR} + t_{bA}$ mm | | $v_R$ sek | $b_A$ sek | $s_{bA}$ mm | $t_{vA} + t_{bR}$ mm | | $t_{vA}$ sek | $t_{bR}$ sek | $s_{bR}$ mm | |
| 415 | 14 | 4,29 | 52,3 | 0,082 | 3 | 0,246 | | 0,184 | 15 | 4,12 | 0,338 | | 0,240 | 31 | Leerlaufversuche: $O$ Reihe $W$. Nr. 1, 6, 7, 11. |
| 318 | 18 | 3,39 | 25,2 | 0,134 | 2,22 | 0,297 | 0,062 | 0,233 | 19 | 2,71 | 0,363 | 0,098 | 0,265 | 34,2 | Auswertung: Mittel aus $Ki$ (1913), $Ku$ (1920) aus je 10 Diagrammen. |
| 214 | 26 | 2,31 | 18,9 | 0,122 | 2,22 | 0,271 | | 0,209 | 17 | 2,83 | 0,345 | | 0,247 | 32 | $s_{vA} = s_{vR} = 8$ mm; $v_A = 9,8$ m/min; $v_R = 15,5$ m/min |
| 150 | 36 | 1,66 | 16,5 | 0,101 | 2,09 | 0,211 | | 0,149 | [12,2][1)] | 3,33 | 0,336 | | 0,238 | 30,7 | |

[1)] Ist im KW-Schaubild so ungenau, daß Abmessung kaum möglich.

der Mehrbedarf an Zeit bei wirklicher Umsteuerung gegen die theoretische augenblickliche Umsteuerung.

Für die theoretische Rechnung wurde vorausgesetzt, daß alles Gleiten im Reibungskegel zur Verzögerungs- und Beschleunigungserteilung erfolgt und kein Riemengleiten stattfindet, daß die Beschleunigung bzw. Verzögerung konstant ist[1)] und kein Stoß auftritt. Es sei:

$T$ .. die beobachtete Zeit für einen Doppelhub;
$T_{th}$ die theoretische Zeit für einen Doppelhub bei augenblicklicher Umsteuerung;
$\Delta T = T - T_{th} =$ Unterschied beider Ordinaten;
$T'$ Zeit für den gleichmäßigen Vor- und Rücklauf;
$\Delta T' = T - T' =$ gesamte Umsteuerzeit;
$t_A =$ Zeit für einen Arbeitsgang } entsprechend der wirk-
$t_R =$ Zeit für einen Rückgang } lichen Hubzeit.

Dann ist:

(1) $$T_{th} = \frac{L}{v_A} + \frac{L}{v_R} = L \frac{v_A + v_R}{v_A \cdot v_R}$$

$$T = t_A + t_R$$

$$t_A = \frac{L - s_{bA} - s_{vA}}{v_A} + t_{bA} + t_{vA}$$

$$t_{bA} = \frac{2 \cdot s_{bA}}{v_A}; \quad t_{vA} = \frac{2 \cdot s_{vA}}{v_A}$$

$$t_A = \frac{L + s_{bA} + s_{vA}}{v_A}$$

$$t_R = \frac{L - s_{bR} - s_{vR}}{v_R} + t_{bR} + t_{vR}$$

$$t_{bR} = \frac{2 \cdot s_{bR}}{v_R}; \quad t_{vR} = \frac{2 \cdot s_{vR}}{v_R}$$

$$t_R = \frac{L + s_{bR} + s_{vR}}{v_R}$$

(2) $$T = \frac{L + s_{bA} + s_{vA}}{v_A} + \frac{L + s_{bR} + s_{vR}}{v_R}$$

(3) $$\Delta T = T - T_{th} = \frac{s_{bA} + s_{vA}}{v_A} + \frac{s_{bR} + s_{vR}}{v_R}$$

(4) $$T' = \frac{L - s_{bA} - s_{vA}}{v_A} + \frac{L - s_{bR} - s_{vR}}{v_R}$$

(5) $$\Delta T' = T - T' = 2 \cdot \frac{s_{bA} + s_{vA}}{v_A} + 2 \cdot \frac{s_{bR} + s_{vR}}{v_R}$$

(6) $$\Delta T' = 2 \cdot \Delta T.$$

Aus der Hubzeit-Hublängelinie (Fig. 28) ergibt sich:

$\Delta T = 0,245$ sek (konstant für sämtliche Hublängen).

Unter Einsetzen der früher ermittelten bzw. angenommenen Werte:

$$s_{vA} = s_{vR} = 8 \text{ mm};$$
$$v_A = 9,8 \text{ m/min}; \quad v_R = 15,5 \text{ m/min}$$

ergibt sich aus Gl. (3) mit Berücksichtigung von Gl. (6), da bei vollkommener Versuchsanordnung bzw. vollständiger Annahme $\Delta T = \Delta T'$ gleich werden müßte.

[1)] Vgl. dazu die tatsächlichen Aufnahmen in Fig. 34/39 und 47/48, bei denen ein konstantes Anschwellen nicht beobachtet wurde.

$$2 \times 0,245 = \frac{(s_{bA} + 0,008) \cdot 60}{9,8} + \frac{(s_{bR} + 0,008) \cdot 60}{15,5}$$

$$s_{bA} \cdot \frac{60}{9,8} + s_{bR} \cdot \frac{60}{15,5} = 0,411.$$

Zur Ermittlung des Anteiles von $s_{bA}$ und $s_{bR}$ werde, um die Rechnung für eine praktische Anwendung zu vereinfachen, angenommen, daß die Beschleunigung $p$ konstant sei[1)]. Nun ist:

$$s_{bA} = \tfrac{1}{2} p \cdot t_{bA}^2; \quad s_{bR} = \tfrac{1}{2} p \cdot t_{bR}^2$$

$$\frac{s_{bA}}{s_{bR}} = \frac{t_{bA}^2}{t_{bR}^2}$$

$$v_A = p \cdot t_{bA}; \quad v_R = p \cdot t_{bR}$$

$$\frac{t_{bA}}{t_{bR}} = \frac{v_A}{v_R}$$

$$\frac{s_{bA}}{s_{bR}} = \frac{v_A^2}{v_R^2} = \left(\frac{9,8}{15,5}\right)^2 = 0,4 \quad [2)]$$

$$\frac{60}{9,8} \cdot s_{bA} + \frac{60}{15,5} \cdot \frac{s_{bA}}{0,4} = 0,411$$

$$s_{bA} = 0,026 \text{ m} = 26 \text{ mm}$$

$$s_{bR} = 26 \cdot \frac{10}{4} = 65 \text{ mm}$$

$$t_{bA} = \frac{2 \cdot s_{bA}}{v_A} = \frac{2 \cdot 0,026}{\frac{9,8}{60}} = 0,319 \text{ sek}$$

$$t_{bR} = \frac{2 \cdot s_{bR}}{v_R} = \frac{2 \cdot 0,065}{\frac{15,5}{60}} = 0,503 \text{ sek}$$

$t_{vR} = 0,062$ sek, $t_{vA} = 0,098$ sek (von Zahlentafel 4).

### III. Aus den Weg-Zeit-Linien (Zahlentafel 5).

In den aus den Weg-Zeit-Linien abgeleiteten Geschwindigkeitsschaubildern (Fig. 34—45) ist das Ende der Beschleunigungswege bzw. Zeiten und der Anfang der Verzögerungswege bzw. Zeiten gegeben durch den Punkt, in dem die Stößelgeschwindigkeit die höchste konstante Geschwindigkeit $v_A$ bzw. $v_R$ erreicht hat, bzw. den Punkt, in dem die Geschwindigkeit beginnt kleiner zu werden. Die aus den Weg-Zeit-Linien ermittelten Werte sind in Zahlentafel 5 zusammengestellt und den früher ermittelten Werten gegenübergestellt.

Es zeigt sich, daß, abgesehen von unvermeidlichen Fehlerquellen bei Bestimmung der Umsteuerverhältnisse durch Differenzieren, die Beschleunigungs- und Verzögerungsverhältnisse bei den langen Hüben von 150 bis 400 mm ungefähr konstant sind.

Es zeigt sich ferner, daß die aus der Weg-Zeit-Linie gewonnenen Werte mit den errechneten verhältnismäßig gut stimmen, aber den aus den KW-Schaubildern ermittelten Werten gegenüber erhebliche Unterschiede zeigen. Die Werte

[1)] Wie nach nach dem Früheren nicht zutrifft.

[2)] Vgl. außerdem die Annahme auf S. 14 $\frac{s_{bA}}{s_{bR}} = \frac{2}{3}$ zur Bestimmung von Linie $V$ in Fig. 20, die sich fast mit der beobachteten Linie $I$ deckt.

## Zahlentafel 5.

Umsteuerwege und Umsteuerzeiten nach den verschiedenen Verfahren ermittelt.

1. Aus den KW-Schaubildern (S. 19).    2. Aus der Rechnung (S. 20).    3. Aus den Weg-Zeit-Linien (S. 15).

| Hublänge mm | Wege in Millimetern | | | | | | | | | | | | Zeiten in $1/1000$ Sekunden | | | | | | | | | | | | Gesamte Umsteuerzeit $\Delta T'$ in $1/1000$ Sekunden | | |
|---|---|---|---|---|---|---|---|---|---|---|---|---|---|---|---|---|---|---|---|---|---|---|---|---|---|---|---|
| | Beschleunigung | | | | | | Verzögerung | | | | | | Beschleunigung | | | | | | Verzögerung | | | | | | | | | |
| | $s_{bA}$ | | | $s_{bR}$ | | | $s_{vA}$ | | | $s_{vR}$ | | | $t_{bA}$ | | | $t_{bR}$ | | | $t_{vA}$ | | | $t_{vR}$ | | | | | |
| | 1 KW | 2 R | 3 D | 1 KW | 2 R | 3 D | 1 KW | 2 R | 3 D | 1 KW | 2 R | 3 D | 1 KW | 2 R | 3 D | 1 KW | 2 R | 3 D | 1 KW | 2 R | 3 D | 1 KW | 2 R | 3 D | 1 KW | 2 R | 3 D |
| 415 400 | 15 | | 24 | 31 | | 70 | | | 9 | | | 10 | 184 | | 245 | 240 | | 380 | | | 70 | | | 57 | 584 | | 752 |
| 318 300 | 19 | 26 | 26 | 34,2 | 65 | 75 | 8 | 8 | 8 | 8 | 8 | 9 | 233 | 319 | 220 | 265 | 503 | 400 | 98 | 98 | 71 | 62 | 62 | 57 | 658 | 982 | 748 |
| 214 200 | 17 | | 24 | 32 | | 73 | | | 8 | | | 9 | 209 | | 255 | 247 | | 320 | | | 65 | | | 63 | 616 | | 803 |
| 150 | 1) 12,2 | | 27 | 30,7 | | 70 | | | 9 | | | 10 | 1) 149 | | 260 | 238 | | 320 | | | 84 | | | 63 | 1) 547 | | 727 |
| Mittelwert: Wege | 17 | 26 | 25,2 | 32 | 65 | 72 | 8 | 8 | 8,5 | 8 | 8 | 9,5 | 209 | 319 | 245 | 247,5 | 503 | 355 | 98 | 98 | 73 | 62 | 62 | 60 | 0,619 sek | 0,982 sek 2) | 0,758 sek |
| | in Millimetern | | | | | | | | | | | | in $1/1000$ Sekunden | | | | | | | | | | | | | | |
| Zeiten | 0,21 | 0,32 | 0,26 | 0,25 | 0,50 | 0,36 | 0,1 | 0,1 | 0,07 | 0,06 | 0,06 | 0,06 | | | | | | | | | | | | | | | |
| | in Sekunden | | | | | | | | | | | | | | | | | | | | | | | | | | |

1) Wert unbrauchbar, da Schaubild zu klein.

2) Theoretisch aus $IV : 2\Delta T = 0,490$ sek.

aus den Weg-Zeit-Linien aber entsprechen, abgesehen von den Fehlern beim Differenzieren, den wirklichen Verhältnissen, während bei den anderen Werten Annahmen gemacht werden mußten, die wegen einer möglichsten Vereinfachung der Rechnung nur Annäherungen an die wirklichen Verhältnisse sein können.

Ganz abgesehen von den verschiedenen Umfangsgeschwindigkeiten der mitnehmenden Scheiben $F$ und $B$ wird durch den Nachstoß des Stößelknaggens $h$ (Fig. 9) gegen den bereits herumgeworfenen Umsteuerhebel $g$ während der Verzögerung des Stößels von der Geschwindigkeit $v_A$ ($v_R$) auf Null der Anpressungsdruck des Reibungskegels $G$ an den Gegenkegel der Riemenscheibe vergrößert. Daraus folgt eine Vergrößerung der mitnehmenden Reibungskraft $R$ und eine Vergrößerung der Beschleunigung $p$, die für die Berechnung als konstant angenommen ist, und weiterhin ist mit dem Stoß eine Arbeit zur Formveränderung des Umsteuerhebels $g$ bis Reibungskegel $G$ einschließlich erforderlich. Dazu kommt die Arbeit zur Stößelverschiebung während der Umsteuerperiode. Eine rechnerische Ermittlung ist gleichfalls nicht genau möglich, da vor allem die Formveränderungsarbeit wegen der komplizierten Form des Umsteuerkegels nicht genau bestimmt werden kann.

Bei der Beschleunigung des Stößels von Null auf $v_A$ ($v_R$) wird die in den deformierten Teilen erzeugte Spannung teilweise wieder durch Zurückfedern zurückgewonnen, andererseits nimmt der Anpressungsdruck des Umsteuerkegels $G$ gegen den Gegenkegel der Riemenscheibe mit dem Vorgehen des Stößels und dem Lösen des Umsteuerknaggens $h$ vom Umsteuerhebel $g$ ab, so daß er zuletzt unter Wirkung der Selbsthemmung, gesichert durch den Axialdruck der Dachfeder $i$, festsitzt.

### 4. Arbeitsbilanz.

Zur Aufstellung der Arbeitsbilanz wurden an den leerlaufenden Motor, einschließlich Rädervorgelege $C/D$ (Fig. 9), nacheinander angehängt:

1. Riemenscheibe $B$  } einzeln,
2. Stufenscheibe $F_1 F_2$
3. Riemenscheiben $B$ und $F_1 F_2$ gleichzeitig,
4. Reibungskegel $G$ mit $B$ gekuppelt,
5. Reibungskegel $G$ mit $F_1 F_2$ gekuppelt.

Bei den Fällen 4 und 5 waren die Räder $H$, $I$, $K$, $L$ angekuppelt, während der Stößel abgenommen war. In jedem Zustand wurde die Leerlaufleistung des Getriebes bestimmt (vgl. Zahlentafel 6).

Es wurden die Versuche der Reihen $M$ und $W$ gleichmäßig zur Auswertung herangezogen. In Fig. 61—62 erscheint die Gesamtbruttoleistung (Ablesung am Schaltbrett) als Ordinate in Funktion der Hublänge aufgetragen, und zwar in Fig. 61 in der ursprünglichen Anordnung ohne Meßdosenausrüstung und in Fig. 62 mit ihr.

### Zahlentafel 6.

Leistungsverbrauch der umlaufenden Teile bei Leerlauf (Mittelwerte aus den Reihen $M$ und $W$) für Antrieb 1 (schnellen Vorlauf des Stößels).

| Bezeichnung im Text | Teile | Zugeführte Leistung KW | Motorwirkungsgrad vH | Nettoleistung KW |
|---|---|---|---|---|
| | Motor allein . . . . . . . | 0,142 | 0 | 0 |
| 1 | Motor + Scheibe $B$ (ohne Riemen $E/F$) . . . . . | 0,327 | 61 | 0,197 |
| 2 | Motor + Scheibe $F_{12}$ (ohne Riemen $A/B$) . . . . . | 0,225 | 45 | 0,091 |
| 3 | Motor + Scheiben $B + F_{12}$ | 0,366 | 65 | 0,238 |
| 4 | Dasselbe mit Getriebe mit $L_{12}$ einschl. auf Vorlauf gesteuert . . . . . . . | 0,392 | 67,5 | 0,265 |
| 5 | Dasselbe auf Rücklauf gesteuert . . . . . . . . | 0,437 | 70,8 | 0,309 |

Die Zerlegung geschah in folgender Weise:

1. Von einer angenommenen Nullinie wird die theoretische Umsteuerarbeit für den Arbeits- und für den Rückgang aufgetragen.

Arbeitsgang:
$$M \cdot \left( \frac{v_A^2}{2} + \frac{v_A^2}{2} \right) = M \cdot v_A^2 \text{ mkg} = M \cdot v_A^2 \cdot \frac{9{,}81}{1000} \text{ KW.sek.}$$

Rückgang:
$$M \cdot \left( \frac{v_R^2}{2} + \frac{v_R^2}{2} \right) = M \cdot v_R^2 \text{ mkg} = M \cdot v_R^2 \cdot \frac{9{,}81}{1000} \text{ KW.sek.}$$

2. Dann wurde die Verschiebearbeit des Stößels allein aus Hublänge und Gewicht unter Annahme einer Wertziffer $f = 0{,}3$, die sämtliche Widerstände umfaßt, gerechnet.

$$A_s = G \cdot L \cdot 0{,}3 \cdot \frac{9{,}81}{1000} \text{ KW.sek}$$

$$= \text{ohne Meßdose} = 45{,}37 \cdot L \cdot 0{,}3 \cdot \frac{9{,}81}{1000} \text{ KW.sek.}$$

$$= \text{mit Meßdose} = 84{,}17 \cdot L \cdot 0{,}3 \cdot \frac{9{,}81}{1600} \text{ KW.sek.}$$

3. Aus den beobachteten Werten des Leistungsverbrauches des Getriebes (Zahlentafel 6) mußte jetzt die Arbeit der ständig umlaufenden Teile (bis Riemenscheibe $B + F$) und die Arbeit der umgesteuerten Teile (bis ausschließlich Stößel) für einen Arbeits- und Rückgang bestimmt werden.

Dazu ist die Bestimmung von $t_A$ und $t_R$ (Fig. 29 u. 30) notwendig.

Die gesamte Hubzeit für einen Doppelhub im umgekehrten Verhältnis der Stößelgeschwindigkeiten zu teilen, geht nicht an, da die Umsteuerwege mit wachsender bzw. abnehmender Geschwindigkeit zurückgelegt werden.

Zur Bestimmung der Größen von $t_A$ und $t_R$ standen vier Näherungswege offen:

a) aus dem Schaubild des selbstschreibenden KW-Messers (Fig. 50—58, Zahlentafel 7),
b) aus der Umsteuerzeit des selbstschreibenden KW-Messers (Zahlentafel 4),
c) aus dem Hubzeitverlust nach Fig. 28,
d) aus der Weg-Zeitlinie des Stößels (Fig. 33).

### Zahlentafel 7.
Arbeits- und Rückgangzeiten aus KW-Schaubildern.

| Hublänge $L$ mm | Versuchsreihe M | | | Versuchsreihe W | | |
|---|---|---|---|---|---|---|
| | Hubzahl $H$ 1/min | $t_A$ sek | $t_R$ sek | Hubzahl $H$ 1/min | $t_A$ sek | $t_R$ sek |
| 414 | 14,3 | 2,57 | 1,65 | 14 | 2,62 | 1,66 |
| 318/314 | 18,3 | 1,98 | 1,34 | 18 | 1,97 | 1,36 |
| 214 | 26,1 | 1,32 | 0,97 | 26 | 1,33 | 0,98 |
| 150 | 36,8 | 0,92 | 0,70 | 36 | 0,92 | 0,75 |

a) Die Schaubildlänge für Arbeits- und Rückgang (Fig. 50-58) wurde aus je 5 bis 10 Einzelwerten als Mittel für jede Hublänge bestimmt, aus der berechneten Hubzahl die Hubzeit und der Wert für 1 mm Schaubildlänge des Funkenbildes berechnet. Aus diesen Werten ergibt sich für Versuchsreihe $M$ und $W$ Zahlentafel 7 und die Spalten $a$ der Zahlentafel 8.

b) Aus den Umsteuerzeiten, die aus den KW-Schaubildern bestimmt wurden (Zahlentafel 4) und der Annahme, daß (Fig. 29—30) Verzögerung und Beschleunigung sich in der Strecke $2'-4'$ und $5'-1'$ gleichmäßig ändern, ergibt sich nach S. 20

$$t_A = \frac{L + s_{bA} + s_{vA}}{v_A} \cdot 60$$

$$t_R = \frac{L + s_{bR} + s_{vR}}{v_R} \cdot 60.$$

c) Aus denselben Formeln wie b) nur mit Einsetzung der Werte von $s_{bA}$ und $s_{bR}$ aus S. 20 und Zahlentafel 5, Spalten 2.

d) Die Schaulinienlänge wurde aus drei Einzelwerten als Mittel bestimmt und mit dem ermittelten Zeitmaßstab $\tau$ (vgl. S. 16) in Sekunden umgerechnet und auf die Nenn-Drehzahl des Motors 1460 1/min reduziert.

Die sich ergebenden Werte sind in Zahlentafel 8 zusammengestellt und graphisch dargestellt (Fig. 60). Dabei zeigt sich, daß bei den mit großer Genauigkeit bestimmten und den wirklichen Verhältnissen entsprechenden Werten aus dem Zeit-Wegschaubild des Stößels (Spalte d) für die langen Hübe die Zeiten sich nach dem Gesetz einer Geraden ändern.

### Zahlentafel 8.
Zeiten für den Arbeits- und Rückgang.

| Hublänge $L$ mm | Arbeitsgang ... $t_A$ in Sek. | | | | | Rückgang ... $t_R$ in Sek. | | | | | Bemerkungen |
|---|---|---|---|---|---|---|---|---|---|---|---|
| | a(M) | a(W) | b | c | d | a(M) | a(W) | b | c | d | |
| 415(414) | 2,57 | 2,62 | 2,68 | 2,74 | 2,59 | 1,65 | 1,66 | 1,76 | 1,89 | 1,69 | Kursiv gesetzte Zahlen aus Fig. 60 abgegriffen |
| 400 | | | | | 2,50 | | | | | 1,63 | |
| 318(314) | 1,98 | 1,97 | 2,07 | 2,13 | 2,01 | 1,34 | 1,36 | 1,37 | 1,5 | 1,32 | |
| 300 | | | | | 1,90 | | | | | 1,24 | |
| 214 | 1,32 | 1,33 | 1,46 | 1,52 | 1,39 | 0,97 | 0,98 | 0,98 | 1,11 | 0,92 | |
| 200 | | | | | 1,31 | | | | | 0,866 | |
| 150 | 0,92 | 0,92 | 1,07 | 1,13 | 1,005 | 0,70 | 0,75 | 0,74 | 0,86 | 0,685 | |
| 100 | | | | | 0,716 | | | | | 0,523 | |
| 50 | | | | | 0,444 | | | | | 0,325 | |

Gesamte Hubzeit $T$ nach Zahlentafel 8, kontrolliert mit Zahlentafel 3 der Hubzeit-Hublänge-Schaulinie.
Abweichungen in vH gegen den Wert der tatsächlichen Beobachtung.

$T$/Doppelhub in Sekunden = $t_A + t_R$.

| Hublänge $L$ mm | Mittel. der KW-Schaubild. a(M) a(W) | Mittel. aus b und c (Rechnung) | Zeit-Weg-Linie d | aus Linie I, Fig. 28 tatsächl. Beobachtung |
|---|---|---|---|---|
| 415 | 4,25 / −0,93 vH | 4,52 / + 5,37 vH | 4,28 / − 0,23 vH | 4,29 |
| 318 (314) | 3,32 / +0,91 vH | 3,54 / + 7,6 vH | 3,33 / + 1,2 vH | 3,29 |
| 214 | 2,30 / −0,86 vH | 2,54 / + 9,5 vH[1] | 2,31 / − 0,43 vH | 2,32 |
| 150 | 1,65 / −2,36 vH | 1,90 / +18,3 vH[1] | 1,69 / 0 vH | 1,69 |

[1] Bei den kleineren Huben machen sich die auf S. 20 bereits angedeuteten Abweichungen durch die vereinfachenden Rechnungsannahmen stark geltend.

Für die weitere Berechnung wurden daher die Werte der Spalte d zugrunde gelegt und in Fig. 60 durch einen Linienzug verbunden. Um einen Überblick über die Abweichung der auf den anderen Wegen bestimmten Zeiten zu erhalten, wurden für sämtliche Werte, $T = t_A + t_R$, in Zahlentafel 8 die Abweichungen vom Wert der tatsächlichen Beobachtung, Linie $I$, Fig. 28, in vH ermittelt. Soweit die Werte der Spalte d nicht durch Versuche bestimmt sind, wurden sie aus der Zeichnung abgegriffen. Dabei zeigt sich, daß die Mittelwerte aus $a(M)$ und $a(W)$ sehr gut übereinstimmen. Die Mittelwerte der Spalten b und c aus der Rechnung sind dagegen um einen fast konstanten Betrag zu groß. Da die aus der Rechnung S. 20/21 gefundenen Umsteuerwege mit jenen aus den Zeit-Wegschaubildern übereinstimmen, die zugehörigen Zeiten aber beträchtlich zu groß sind, wie auch naturgemäß in Spalte b, c (Zahlentafel 8) erscheint, kann die die Rechnung vereinfachende Annahme einer konstanten Beschleunigung nicht aufrechterhalten werden.

Wir kehren zu Fig. 61—62 zurück:

Mit den so erhaltenen Werten $t_A$ und $t_R$ werden unter Berücksichtigung des Wirkungsgrades des Motors die Arbeitsanteile sämtlicher kreisender Teile (Zahlentafel 6) für Arbeits- und Rückgang gesondert bestimmt. Diese Werte werden für jede Hublänge zu den bereits abgetragenen Arbeiten graphisch addiert.

Die Arbeitsanteile für Arbeits- und Rückgang der kreisenden, aber umgesteuerten Teile wurden nicht unmittelbar bestimmt, sondern ergeben sich als Differenz der bereits abgetragenen Arbeit sämtlicher umlaufenden Teile verminderbarer Arbeit der ständig umlaufenden Teile (Zahlentafel 6).

Zu sämtlichen Arbeiten des Rückganges wurde noch der Unterschied zwischen der aus Fig. 59 ermittelten wirklichen und der auf S. 18 errechneten Umsteuerarbeit gleich 0,11 KW.sek graphisch addiert. Wenn man dann von der obersten Linie des Schaubildes die den Schaltbrettablesungen entsprechende Bruttoarbeit nach abwärts aufträgt, davon nach oben die Verluste im Motor abzieht, so geben die Ordinaten der restlichen Fläche die nicht nachgewiesenen Verluste, sei es durch Riemengleiten bei der höheren Belastung, wenn alle Teile bis Stößel einschließlich angehängt sind, sei es durch die erhöhten Zahn- und Lagerdrücke.

Diese Leerlaufbilanzschaubilder wurden für die Maschine ohne und mit Meßdose (Fig. 61—62) aufgestellt.

Zur richtigen Bewertung der Bilanzlinien ist die Entstehung der ganzen Untersuchung zu berücksichtigen. Die Linie $M$ der zugehörigen Nettoablesungen erscheint auch in Fig. 59 bei den großen Hüben mit einer starken Abweichung gegen die $W$-Linien, die beide stetig verlaufen. Die Zeit von zwei Jahren zwischen den beiden Reihen kann nicht allein dafür maßgebend sein, da nach abermals zwei Jahren ausgeführte Versuche der Linie $F$ ebenfalls nicht die starke Abbiegung bei dem langen Hub von 400 mm zeigen. Desgleichen zeigen die Versuchswerte $F_r$, die im Jahre 1920 ausgeführt wurden, nur einen größeren KW-Verbrauch, aber ebenfalls den stetigen Charakter ohne die starke Abbiegung bei dem Hub von 400 mm.

Aus diesen Gründen wurde für die Bilanzrechnung eine ausgleichende KW-Linie aus den Reihen $M$ und $W$ zugrunde gelegt. Die Bestimmung der Teilarbeiten erfolgte aus den Mittelwerten der Linien $M$ und $W$, die nach den endgültigen Zeiten für $t_A$ und $t_R$, welche aus den Zeit-Weg-Linien des Stößels, Fig. 33, erhalten wurden, zerlegt wurden.

### b) Bestimmung der Schnittarbeit.

Die Bestimmung des Schnittdruckes erfolgte mit der eingebauten Meßdoseneinrichtung (Fig. 17—19) bei den Versuchen der Reihe $W$. Diese Drücke wurden dann für die gleichen Spanquerschnitte der Reihe $M$ verwendet.

Da die Ablesung an zwei parallel geschalteten Manometern gleichzeitig gemacht werden konnte, die Versuche aber über den ganzen Bereich des 24 at-Manometers reichten, wurden

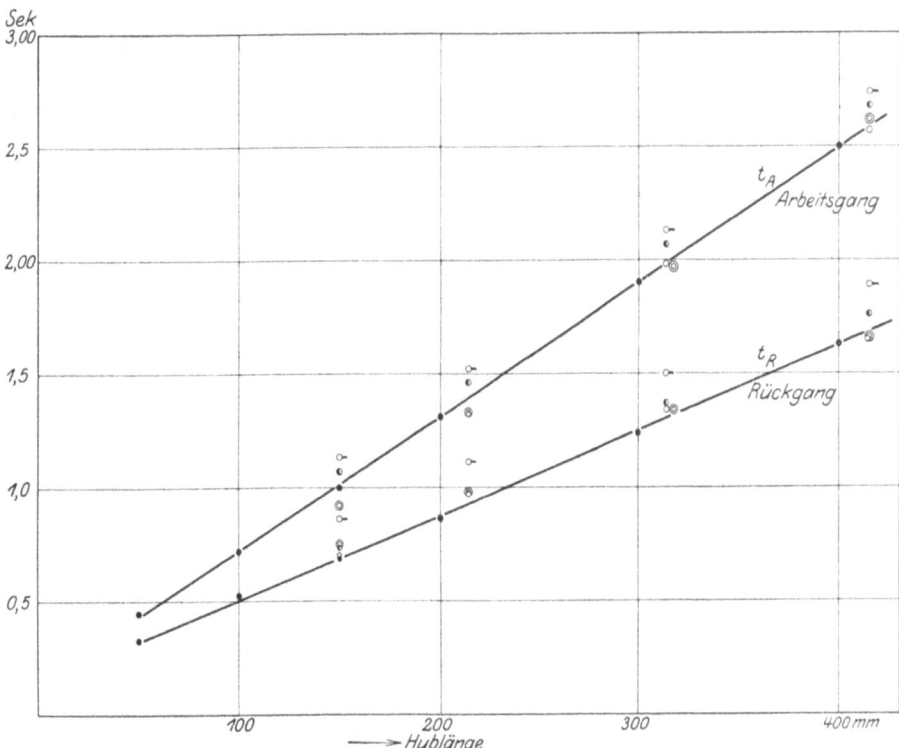

Fig. 60. Zeiten für Arbeitsgang und Rückgang bei verschiedenen Hublängen (vgl. Zahlentafel 8).

a) $\begin{cases} \bigcirc \\ \circledcirc \end{cases}$ = Versuchswerte aus den Leistungsschaubildern $\begin{matrix}M\\W\end{matrix}\}$ Fig. 50—58.

b) ◐ = Rechnungswerte aus Leistungsschaulinie $\}$ Z.T. 5.
c) ○— = „ „ Hubzeit-Hublängelinie
d) ● = Werte aus den Zeit-Wegschaubildern des Stößels. Fig. 33.

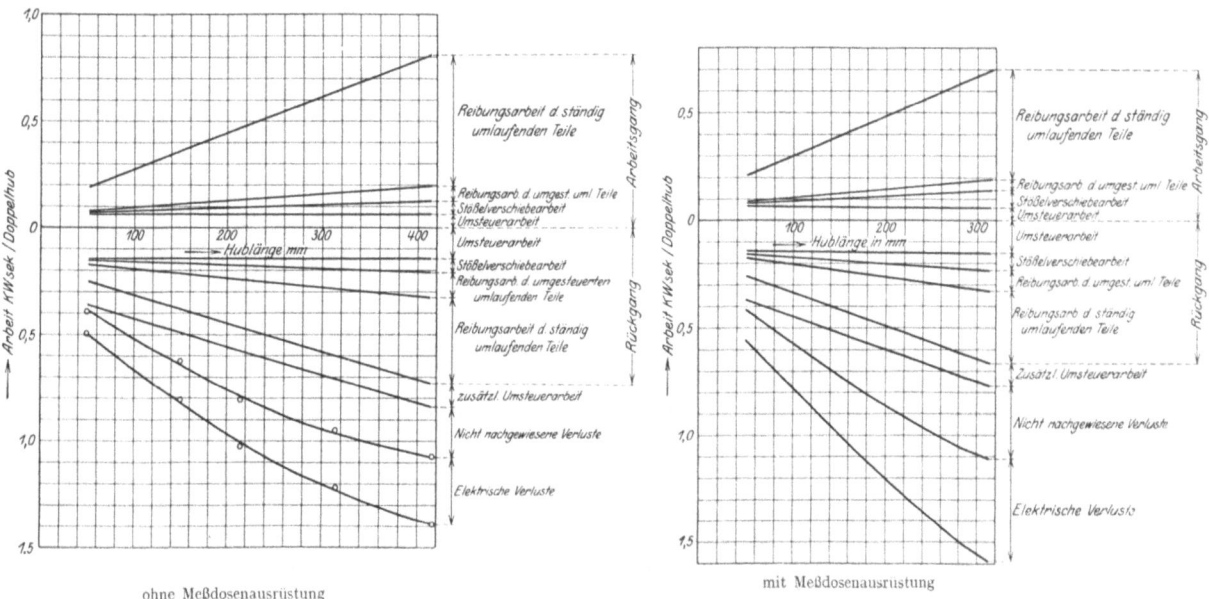

Fig. 61 u. 62. Leerlaufbilanz der ungeänderten Maschine.

nur die Ablesungen an diesem den Berechnungen zugrunde gelegt.

Die betreffenden Ablesungen sind in Zahlentafel 9 enthalten. Die Wertziffer, die sich durch Teilung der Schnittkraft durch den Spanquerschnitt ergibt, ist in die letzte Spalte unter $\sigma$ eingetragen. Von einer „Materialkonstanten" ist also auch hier keine Rede.

Die Schnittarbeit für einen Doppelhub in KW.sek ist gleich

$$A_s = P^{kg} \cdot l^m \cdot \frac{9{,}81}{1000} \text{ KW.sek.}$$

Diese Werte aus den Versuchen der Reihe $W$ sind im Schaubild Fig. 63—68 oberhalb der Leerlaufarbeit des Arbeitsganges aufgetragen, und zwar für jeden Spanquerschnitt mit steigender Hublänge (Zahlentafel 10). Von dieser Linie wurde dann die Bruttoarbeit/Doppelhub abgetragen und von dieser wieder die elektrischen Verluste abgezogen, so daß die Fläche zwischen der Arbeit an der Antriebswelle und den nachgewiesenen Verlusten die restlichen, nicht unmittelbar zu messenden Verluste beim Schnitt darstellt. Im Vergleich zu den zusätzlichen Verlusten im Leerlauf ist ein deutliches Ansteigen der zusätzlichen Verluste zu bemerken. Die zahlenmäßigen Verhältnisse für den Raum zwischen 100 und 300 mm Hub sind in Zahlentafel 11 zusammengestellt.

In Fig. 69—71 ist eine andere Darstellung der Arbeitsbilanz der Maschine aus denselben Versuchen $M$ gegeben, in der die einzelnen Spanquerschnitte nicht mehr erscheinen. Im Schaubild ist die Arbeit für einen Doppelhub in KW.sek als Ordinate

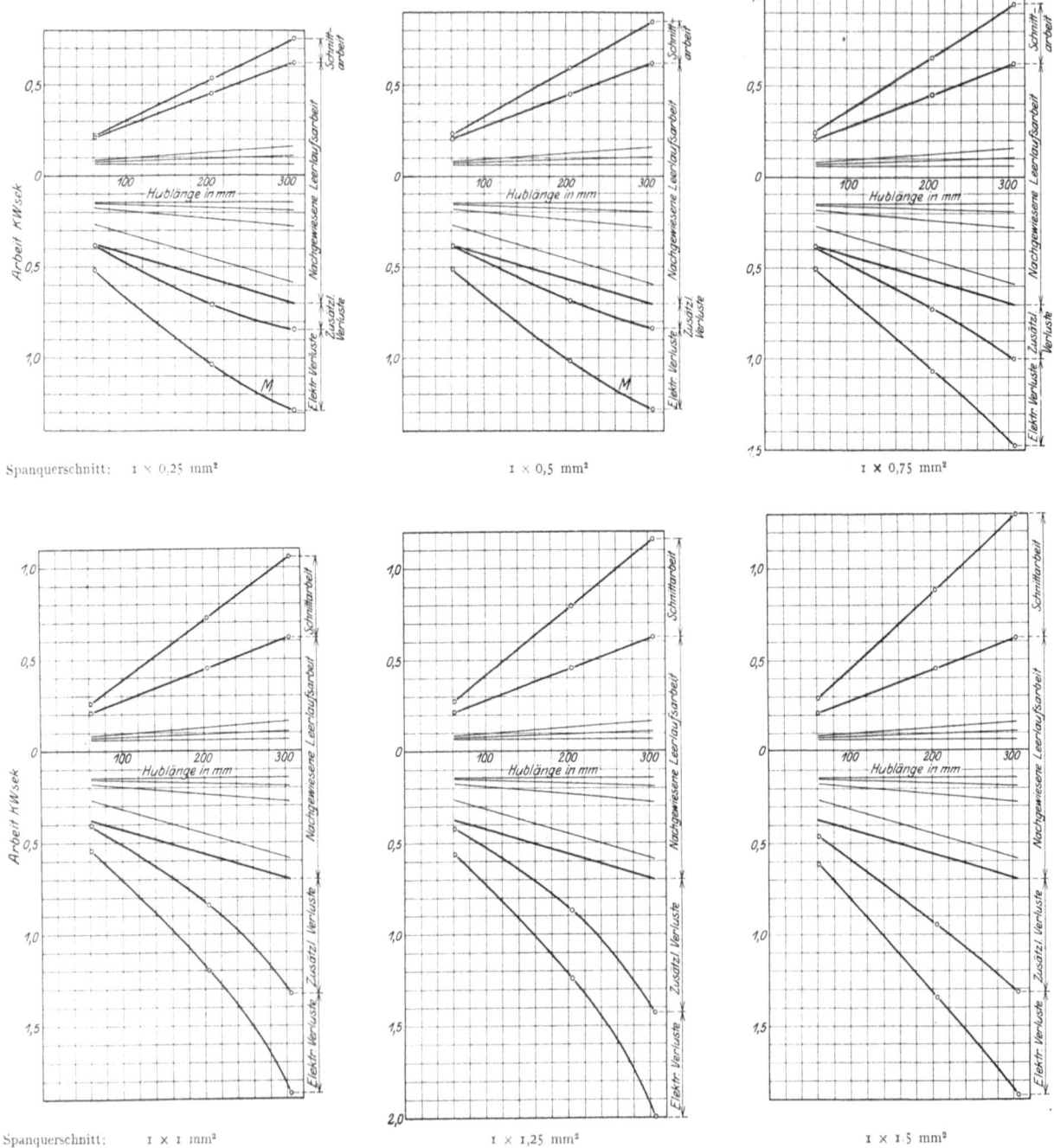

Fig. 63—68. Bilanz der Wagerechtstoßmaschine bei verschiedenen Spanstärken und für verschiedene Hublängen.

### Zahlentafel 9.
Gemessene Schnittdrücke.
Einheitliche Schnittlänge: 200 mm. Einheitliche Hublänge: 315 mm.

| Spanquerschnitt | | | Ablesung am Manometer 24 at kg/cm² | Stahldruck $P$ kg | $\sigma = \dfrac{P}{mm^2}$ |
|---|---|---|---|---|---|
| Verhältnis | mm × mm | mm² | | | |
| 4 : 1 | 1 × 0,25 | 0,25 | 1,9 | 48,6 | 194,5 |
| 2,67 : 1 | 1 × 0,375 | 0,375 | 2,9 | 61,2 | 163,2 |
| 2,12 : 1 | 1,06 × 0,5 | 0,530 | 3,9 | 85 | 160,4 |
| 1,7 : 1 | 1,06 × 0,625 | 0,663 | 4,9 | 100 | 150,8 |
| 1,41 : 1 | 1,06 × 0,75 | 0,795 | 5,8 | 122 | 153,4 |
| 1,14 : 1 | 1 × 0,875 | 0,875 | 7,0 | 144 | 164,6 |
| 1 : 1 | 1 × 1 | 1,000 | 7,9 | 161,9 | 161,9 |
| 3,2 : 1 | 2 × 0,625 | 1,250 | 10,0 | 201 | 160,8 |
| 2,6 : 1 | 1,95 × 0,75 | 1,463 | 11,2 | 222 | 151,7 |
| 2,23 : 1 | 1,95 × 0,875 | 1,706 | 12,8 | 251 | 147,1 |
| 1,95 : 1 | 1,95 × 1 | 1,95 | 14,8 | 289 | 148,2 |
| 4 : 1 | 3 × 0,75 | 2,25 | 18,0 | 347 | 154 |
| 3,3 : 1 | 2,9 × 0,875 | 2,538 | 20,0 | 384 | 151,3 |
| 2,9 : 1 | 2,9 × 1 | 2,9 | 24,0 | 470 | 162,1 |

und die Nutzarbeit gleich dem Stahldruck mal der Schnittlänge als Abszisse aufgetragen. Es sind drei verschiedene Arbeitszustände der Maschine dargestellt:

1. für eine Hublänge von 62 mm und eine Schnittlänge von 32 mm,
2. für eine Hublänge von 205 mm und eine Schnittlänge von 173 mm,
3. für eine Hublänge von 306 mm und eine Schnittlänge von 273,5 mm.

Als Ordinaten wurden aufgetragen:

1. die dem Motor zugeführte Arbeit für einen Doppelhub,
2. davon abgezogen wurden die Verlustarbeit durch die elektrischen Verluste im Motor, so daß sich die Differenz als die der Maschinenwelle zugeführte Arbeit je Doppelhub ergibt.

Diese zerlegt sich

a) in Schnittarbeit,
b) nachgewiesene Leerlaufsarbeit nach Leerlaufbilanzschaubild,

## Zahlentafel 10.
### Schnittversuche.
Ungeänderte Maschine ohne Meßdosenausrüstung. (Zu Fig. 63—68).

| Lfd. Nr. | Versuch Reihe | Versuch Nr. | Hub-länge mm | Schalt-brett Leistg. KW | 1) Wirk.-grad nach Fig. 49 | Hub-zahl red. auf 1460 U/min | Arbeit an Schalt-brett KW.sek | Arbeit an Masch.-Welle KW.sek | Span-Querschn. mm² | Schnitt-druck kg | Schnitt-länge mm | Nutz-arbeit KW.sek | Wirkungsgrad auf Arbeit an Schalt-brett $\eta_{1a}$ | Wirkungsgrad auf Arbeit an Masch.-Welle $\eta_{1b}$ | Arbeit während der Schnittzeit an Schalt-brett KW.sek | Arbeit während der Schnittzeit an Masch.-Welle KW.sek | Schnittwirkungsgrad auf Arbeit an Schalt-brett $\eta_{2a}$ | Schnittwirkungsgrad auf Arbeit an Masch.-Welle $\eta_{2b}$ | Be-merkungen |
|---|---|---|---|---|---|---|---|---|---|---|---|---|---|---|---|---|---|---|---|
| 1 | 2 | 3 | 4 | 5 | 6 | 7 | 8 | 9 | 10 | 11 | 12 | 13 | 14 | 15 | 16 | 17 | 18 | 19 | 20 |
|  |  |  |  |  |  |  |  |  |  |  |  |  | in vH |  |  |  | in vH |  |  |
| 1 | M | 160 | 62 | 0,86 | 0,82 | 70,2 | 0,736 | 0,604 | 1×0,25 | 48,6 | 32 | 0,0153 | 2,08 | 2,57 | 0,168 | 0,138 | 9,1 | 11,1 |  |
| 2 |  | 146 | 205 | 0,64 | 0,785 | 24,6 | 1,56 | 1,22 |  |  | 173 | 0,0825 | 5,28 | 6,73 | 0,678 | 0,533 | 12,2 | 15,5 |  |
| 3 |  | 131 | 306 | 0,63 | 0,78 | 18,5 | 2,04 | 1,59 |  |  | 273,5 | 0,130 | 6,4 | 8,2 | 1,055 | 0,823 | 12,3 | 15,8 |  |
| 4 |  | 161 | 62 | 0,85 | 0,82 | 69,4 | 0,734 | 0,602 | 1×0,5 | 85 | 32 | 0,0266 | 3,62 | 4,42 | 0,167 | 0,137 | 15,9 | 19,4 |  |
| 5 |  | 147 | 205 | 0,69 | 0,795 | 25,9 | 1,60 | 1,27 |  |  | 173 | 0,144 | 9,0 | 11,35 | 0,731 | 0,581 | 19,7 | 24,8 |  |
| 6 |  | 132 | 306 | 0,66 | 0,787 | 18,7 | 2,12 | 1,67 |  |  | 273,5 | 0,228 | 10,75 | 13,65 | 1,105 | 0,87 | 20,6 | 26,2 |  |
| 7 |  | 162 | 62 | 0,89 | 0,82 | 70,8 | 0,755 | 0,62 | 1×0,75 | 122 | 32 | 0,0383 | 5,07 | 6,18 | 0,174 | 0,143 | 22 | 26,8 |  |
| 8 |  | 148 | 205 | 0,73 | 0,803 | 25,4 | 1,72 | 1,38 |  |  | 173 | 0,207 | 12,0 | 15,0 | 0,773 | 0,62 | 26,8 | 33,4 |  |
| 9 |  | 133 | 306 | 0,72 | 0,80 | 17,8 | 2,42 | 1,94 |  |  | 273,5 | 0,327 | 13,5 | 16,9 | 1,205 | 0,964 | 27,1 | 33,9 |  |
| 10 |  | 163 | 62 | 0,97 | 0,828 | 73 | 0,797 | 0,66 | 1×1 | 161,9 | 32 | 0,0508 | 6,37 | 7,65 | 0,19 | 0,157 | 26,7 | 32,3 |  |
| 11 |  | 149 | 205 | 0,80 | 0,81 | 25 | 1,92 | 1,56 |  |  | 173 | 0,275 | 14,3 | 17,6 | 0,847 | 0,686 | 32,4 | 40,0 |  |
| 12 |  | 134 | 306 | 0,82 | 0,815 | 16,8 | 2,93 | 2,38 |  |  | 273,5 | 0,434 | 14,9 | 18,3 | 1,373 | 1,12 | 31,6 | 38,8 |  |
| 13 |  | 164 | 62 | 1,01 | 0,83 | 72,3 | 0,838 | 0,695 | 1×1,25 | 201 | 32 | 0,0631 | 7,53 | 9,06 | 0,197 | 0,164 | 32,0 | 38,5 |  |
| 14 |  | 150 | 205 | 0,84 | 0,818 | 24,8 | 2,03 | 1,66 |  |  | 173 | 0,341 | 16,8 | 20,5 | 0,89 | 0,728 | 38,3 | 46,8 |  |
| 15 |  | 135 | 306 | 0,87 | 0,82 | 16,5 | 3,16 | 2,59 |  |  | 273,5 | 0,538 | 17,1 | 20,8 | 1,46 | 1,192 | 36,9 | 45,2 |  |
| 16 |  | 165 | 62 | 1,04 | 0,83 | 68,8 | 0,907 | 0,753 | 1×1,5 | 251²) | 32 | 0,0788 | 8,69 | 10,46 | 0,204 | 0,169 | 38,6 | 46,7 |  |
| 17 |  | 151 | 205 | 0,86 | 0,82 | 23,2 | 2,22 | 1,82 |  |  | 173 | 0,426 | 19,19 | 23,4 | 0,91 | 0,747 | 46,8 | 57,0 |  |
| 18 |  | 136 | 306 | 0,90 | 0,822 | 17,1 | 3,16 | 2,60 |  |  | 273,5 | 0,673 | 21,3 | 25,9 | 1,50 | 1,24 | 44,8 | 54,3 |  |

¹) Bei den Versuchen M ist die damalige Motorwirkungsgradkurve verwendet worden, während hier Fig. 49 angewendet ist.
²) Weicht etwas von Z. T. 9 ab.

c) nicht nachgewiesene Verluste infolge von Riemengleiten, Stoß, Formänderungsarbeiten, zusätzlichen Reibungsarbeiten in Lagern, Zahnrädern usw.

### Zahlentafel 11.
Verhältnis der zusätzlichen Verluste nach Fig. 63—68 zu den einzelnen Arbeiten.

| Spanquerschnitt in mm² | Zusätzliche Verluste zur Arbeit | | |
|---|---|---|---|
|  | am Schaltbrett vH. | a. Maschinenwelle vH. | beim Schnitt vH. |
| 1 × 0,25 | 8,23 | 10,4 | 165 |
| 1 × 0,5 | 6,73 | 8,55 | 78,0 |
| 1 × 0,75 | 9,11 | 11,28 | 77,0 |
| 1 × 1,0 | 15,15 | 18,6 | 109,5 |
| 1 × 1,25 | 15,9 | 19,4 | 98,0 |
| 1 × 1,5 | 17,1 | 20,8 | 89,3 |

### Wirkungsgrad der Maschine.

Der Wirkungsgrad ist gegeben mit

$$\eta = \frac{\text{Schnittarbeit}}{\text{zugeführte Arbeit}}.$$

Nun kann man die zugeführte Arbeit messen als
1. zugeführte Arbeit für einen Doppelhub
   a) aus Ablesungen am Schaltbrett des Motors,
   b) an der Maschinenwelle;
2. Zugeführte Arbeit während der Schnittzeit
   a) aus Ablesungen am Schaltbrett des Motors,
   b) an der Maschinenwelle

und erhält

$$\eta_{1a}, \eta_{1b}, \eta_{2a}, \eta_{2b},$$

während $\eta_{1a}$ und $\eta_{2a}$ vom Wirkungsgrad des Motors abhängig sind, geben $\eta_{1b}$ und $\eta_{2b}$ den Wirkungsgrad der Maschine selbst an.

Der Wert $\eta_{1b}$ gleich

$$\frac{\text{Schnittarbeit je Doppelhub}}{\text{zugeführte Arbeit an der Maschinenwelle/Doppelhub}}$$

ist für die Maschinentype maßgebend und gibt gleichzeitig einen Anhalt für die zur erzielenden Arbeit erforderlichen Betriebskräfte und Betriebskosten.

Der Wert $\eta_{2b}$ gleich

$$\frac{\text{Schnittarbeit je Doppelhub}}{\text{zugeführte Arbeit an der Maschinenwelle je Schnittzeit während 1 D.H.}}$$

jedoch ermöglicht einen Vergleich mit anderen spanabnehmenden Maschinen, bei denen während der ganzen Arbeitszeit auch Nutzarbeit geleistet wird (Drehbank, Bohrmaschine, Fräsmaschine). In Fig. 72—75 und Zahlentafel 10 sind die Werte für $\eta_{2b}$ bis rd. 56 vH aus der Versuchsreihe M zu ersehen.

### B. Untersuchung der Maschine mit konstruktiven Änderungen.

Aus der Arbeitsbilanz der Wagerecht-Stoßmaschine (Fig. 72 bis 75, Zahlentafel 10) ergab sich ein Wirkungsgrad $\eta_{1b}$ von nur rd. 20 ÷ 25 vH im besten Falle bei größter Spanleistung, denen zusätzliche Verluste von rd. 10—20 vH gegenüberstehen. Das Verhältnis wird bei kleineren Spanquerschnitten immer ungünstiger und fällt bis auf rd. 6 vH Wirkungsgrad bei 3 vH zusätzlicher Verluste. Es ist also die Leerlaufarbeit unverhältnismäßig groß gegenüber der Nutzarbeit. Obwohl ein guter Teil der Leerlaufarbeit auf den leeren Rückgang beim Schnitt zurückzuführen ist, so müssen doch noch andere Ursachen an dem schlechten Wirkungsgrad der Maschine schuld sein. Zur Ergründung dieser Ursachen und ihrer Abstellung wurde folgendes Programm innegehalten:

a) Untersuchung der Umsteuerverhältnisse und des Arbeits- und Rückganges an Hand der mechanischen Gesetze.

b) Vorschläge für Änderungen der Maschine und ihre Untersuchung.
1. Umgesteuerte, umlaufende und hin- und hergehende Teile.
2. Ständig umlaufende Teile.
3. Anbringung von Pufferfedern.

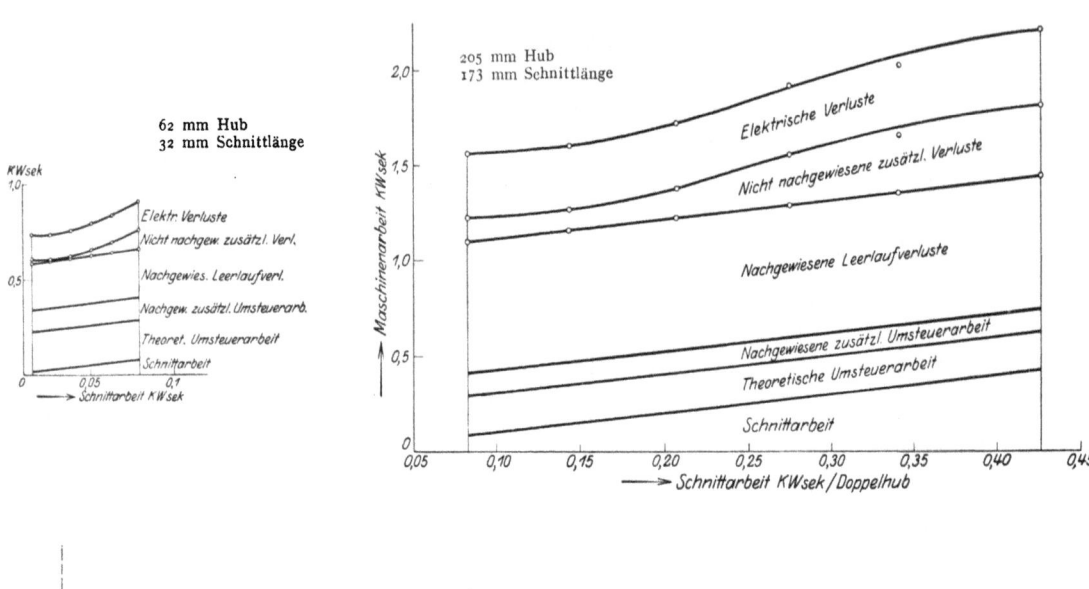

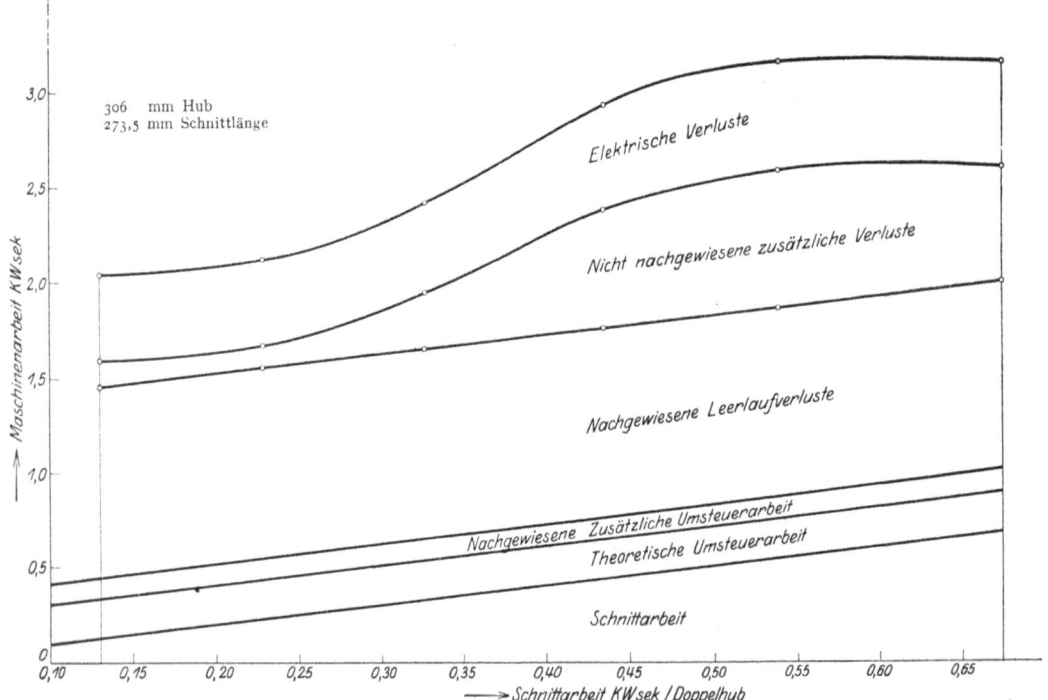

Fig. 69—71. Bilanz der Wagerechtstoßmaschine für verschiedene Hublängen in Abhängigkeit von der Schnittarbeit.

### a) Untersuchung der Umsteuerverhältnisse (Fig. 76—77).

Betrachten wir zuerst die Umsteuerung vom Ende des Hubes, das heißt von Beginn der Abbremsung des Reibungskegels bis zum Erreichen der gleichförmigen Geschwindigkeit $v_A$ des Arbeitsganges.

Zur einfacheren Darstellung des Zusammenarbeitens des Reibungskegels $G$ mit der Riemenscheibe denke man sich sämtliche kreisenden Massen bis zur Riemenscheibe $B$ (Fig. 9) bzw. $F$ auf die Welle $II$ reduziert und sie mit konstanter Geschwindigkeit umlaufend. Von hier treibe der Riemen z. B. die Scheibe $F$, die ein Trägheitsmoment $J_1$ und eine Winkelgeschwindigkeit $\omega_1$ hat. Durch das Kuppeln des Reibungskegels mit den gesamten, auf die Achse $III$ reduzierten umgesteuerten Massen mit dem Gesamtträgheitsmoment $J_2$, wird die Winkelgeschwindigkeit $\omega_1$ von $F$ verringert, bis der gegenläufige Reibungskegel, durch die Winkelgeschwindigkeit $\omega_K = 0$ durchgehend, dieselbe Winkelgeschwindigkeit $\omega = u$, wie $F$ erreicht. Von da ab müssen die gleichförmig umlaufenden Massen auf der Welle $II$ (Fig. 9) beide Teile $G$ und $F$ so lange beschleunigen, bis sie die erste Winkelgeschwindigkeit $\omega_1$ wieder angenommen haben. Die veränderliche Winkelgeschwindigkeit $\omega_K$ des Reibungskegels sei bei Beginn der Umsteuerperiode, dem Rücklauf entsprechend $\omega_K = -\omega_2$, gehe dann über 0 bis auf $\omega_K = \omega_1$.

Es sei die ganze Umsteuerung in zwei Abschnitte, $\tau_1$ und $\tau_2$, geteilt: die erste $\tau_1$ vom Beginn der Verzögerung, Fig. 29—30, Punkt 5 bis zu einem Punkt zwischen 0 und 1, an dem die beiden Teile dieselbe Winkelgeschwindigkeit $\omega = \omega_K = u$ haben, und der zweite Abschnitt $\tau_2$ von da bis Punkt 1, in dem beide Teile wieder die volle Winkelgeschwindigkeit $\omega_1$ haben. Dann gilt, wenn

$M_K$ das Reibungsmoment der Kupplung = konstant,
$M_R$ das Reibungsmoment des rutschenden Riemens ist:

Phase 1. Riemenscheibe:

a) $\quad J_1 \cdot \dfrac{d\omega}{dt} - M_R + M_K = 0$

Reibungskegel:

b) $\quad J_2 \cdot \dfrac{d\omega_K}{dt} - M_K = 0.$

Nach Ausführung der Integration ergibt sich aus beiden Gleichungen:

Gl. 1. $\quad J_1(u - \omega_1) + J_2(u + \omega_2) = M_R \tau_1.$

Phase 2.

$$(J_1 + J_2) \cdot \dfrac{d\omega_K}{dt} = M_R.$$

Bezogen auf die Ablesungen am Schaltbrett.

Bezogen auf die Arbeit an der Maschinenwelle.

Bezogen auf die Gesamtarbeit eines Doppelhubs.

Bezogen auf die Arbeit während des Schnittes.

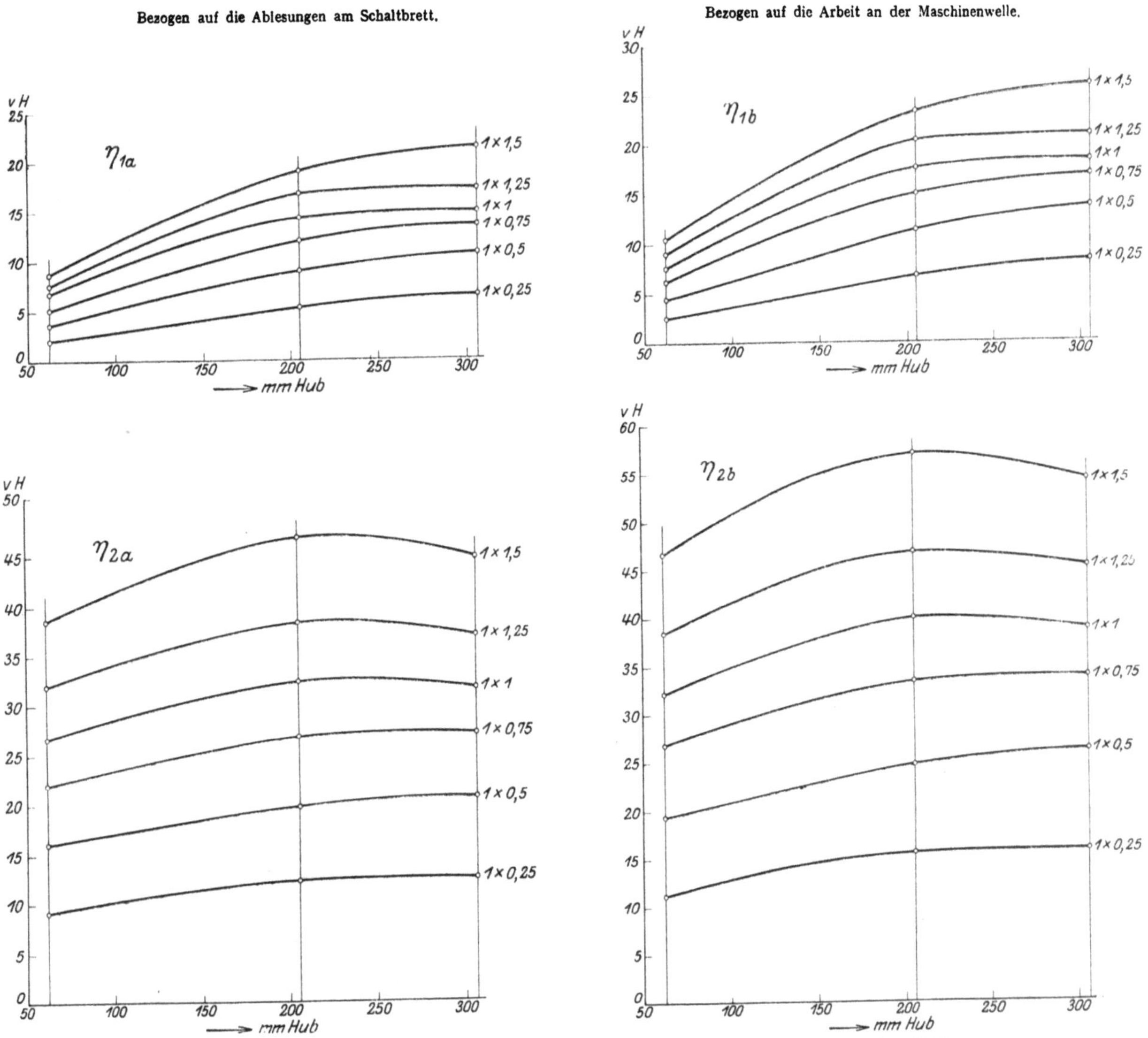

Fig. 72–75. Wirkungsgradlinien der Wagerechtstoßmaschine bei verschiedenen Spanstärken für verschiedene Hublängen.

Nach Integration und Verbindung mit Gl. 1 erhält man, da

$$\tau_1 + \tau_2 = t_u = t_{vR} + t_{bA} \quad \text{ist}$$

Gl. 2. $$J_2(\omega_1 + \omega_2) = M_R \cdot t_u.$$

Gleichung 2 hätte sich auch unmittelbar aus dem Satz der Mechanik: Bewegungsgröße = Kraftantrieb durch einfache Überlegung finden lassen.

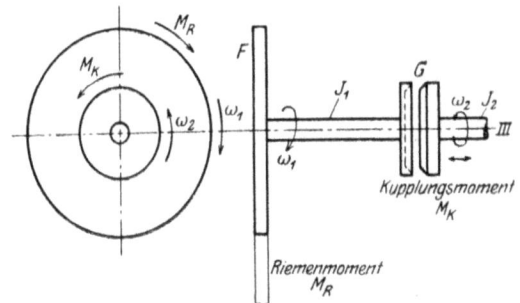

Fig. 76 u. 77. Schema der Umsteuerung.

Es zeigt sich demnach:

1. für die Zeit bis zur vollständigen Kupplung: Das Impulsmoment $M_R \tau_1$ ist abhängig von $J_1$ und $J_2$ [vgl. Phase 1, Gl. 1].
2. für die gesamte Umsteuerperiode: Der Antrieb des Riemenmomentes (Impulsmoment), $M_R \cdot t_u$, ist unabhängig von $J_1$ und abhängig von $J_2$ [Gl. 2].

Die auftretenden Stöße auf Getriebe, Riemen und auf den Motor werden verringert, wenn das Impulsmoment des Riemens sinkt, dies geschieht aber:

1. durch Erhöhung von $J_1$ der Scheibe $F$,
2. durch Verkleinerung von $J_2$ der Gesamtheit der umzusteuernden Massen.

Es ist klar, daß die obigen vereinfachenden Annahmen nicht der Wirklichkeit entsprechen, da

1. nicht allein der Riemen, sondern auch die Kupplung bei der Umsteuerung rutscht;
2. die Winkelgeschwindigkeit der Riemenscheibe $E$ nicht konstant bleibt, sondern sich durch die Rückwirkung der Stöße und der Beeinflussung des Motors während der Umsteuerperiode ändert.

Aber selbst diese Punkte zugegeben, so bieten sich der genauen rechnerischen Ermittlung der Vorgänge noch folgende Schwierigkeiten:

1. Der Anpressungsdruck des Reibungskegels an die Riemenscheibe ist veränderlich und wird beeinflußt durch die Stöße des Stößels gegen den Umsteuerhebel. Seine Messung ist infolge der sehr kurzen Zeiten wohl unmöglich.

2. Während des Umsteuervorganges wirkt nicht nur die lebendige Kraft der Masse $M_R$ (Riemenscheibe bis Motoranker einschließlich) infolge ihrer Verzögerung, sondern noch eine äußere Kraft, gegeben durch das zusätzliche Drehmoment des Elektromotors, entsprechend der zusätzlich aus dem Netz entnommenen Leistung. Diese ist aber nicht konstant, sondern ändert sich schon bei geringen Schwankungen der Drehzahl sehr stark.

Auf eine eingehende Rechnung wird an dieser Stelle verzichtet.

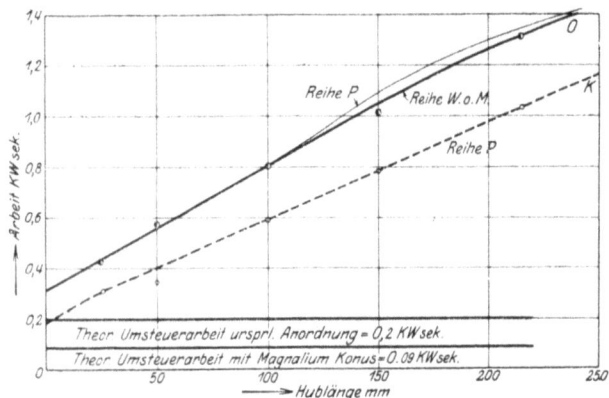

Fig. 78. Einfluß des Magnaliumkegels auf die Leerlaufarbeit an der Maschinenwelle.
— ● ungeänderte Maschine mit eisernem Reibungskegel = O;
--- ○ Maschine mit Magnaliumkegel = K.

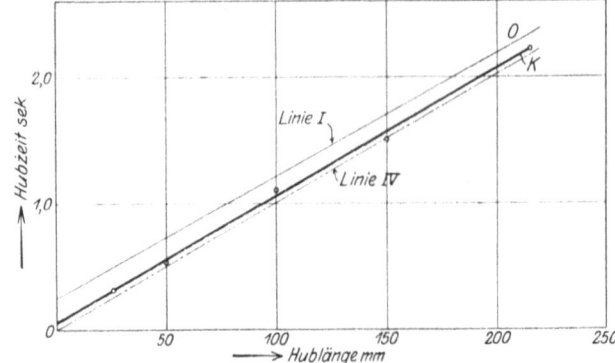

Fig. 79. Einfluß des Magnaliumkegels auf Hubzeit-Hublänge-Schaulinie.
--------- ungeänderte Maschine. — · — · — · theoretische Linie nach Fig. 28.
———— Maschine mit Magnaliumkegel für n = 1460 Umdr./min. des Motors.

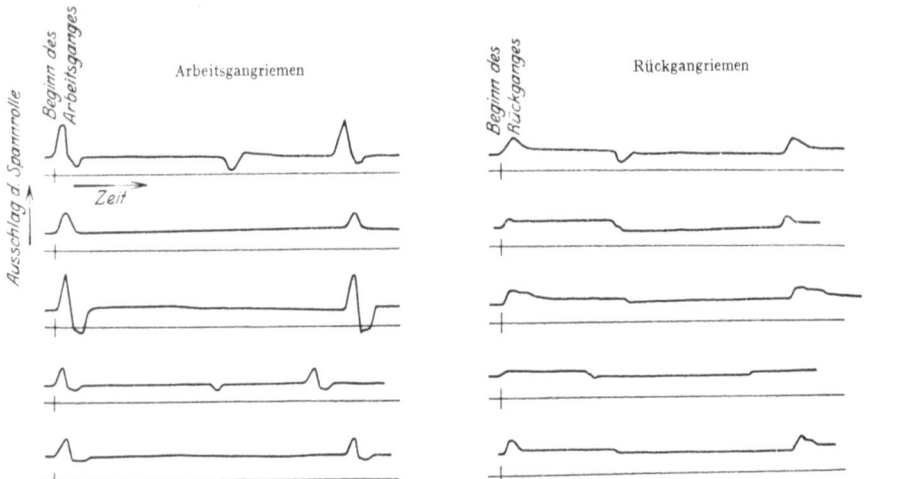

Fig. 80. Maschine mit eisernem Reibungskegel (ungeänderte Maschine).

Fig. 81. Magnaliumkegel.

Fig. 82. Schwungrad am Motor.

Fig. 83. Magnaliumkegel und Schwungmassen in Riemenscheibe.

Fig. 84. Magnaliumkegel, Schwungmasse in Riemenscheibe und Schwungrad am Motor.

Riemenzug-Schaubilder für die verschiedenen Maschinenanordnungen. Leerlauf; 314 (306) mm Hublänge (vgl. Fig. 13—15).

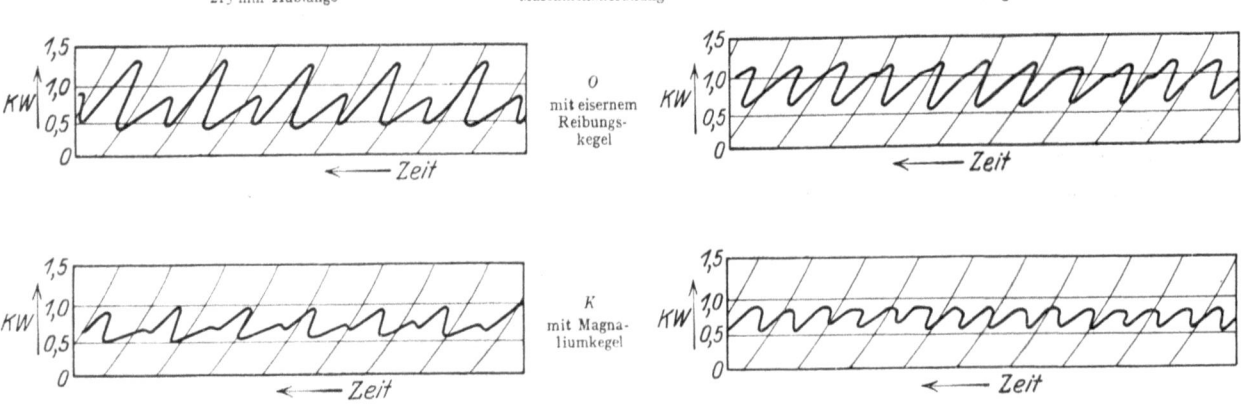

Fig. 85-88. Einfluß des Magnaliumkegels auf das Leistungsschaubild bei Leerlauf.

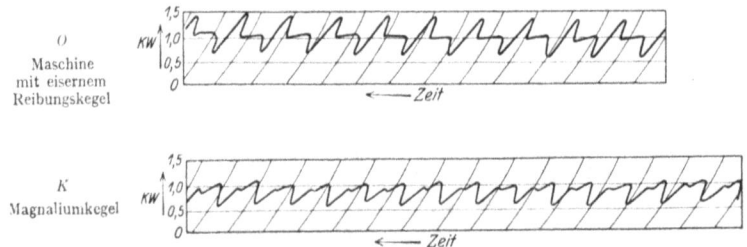

Fig. 89 u. 90. Einfluß des Magnaliumkegels auf das Leistungsschaubild beim Schnitt.
Hublänge 215 mm; Schnittlänge 174 mm; Spanquerschnitt 1 × 1,4 mm².

Untersuchung des Arbeits- und Rückganges.

Während des gleichmäßigen Vor- und Rücklaufes sind im Vergleich zu den Zeitabschnitten für die Umsteuerung nur die Reibungskräfte der Maschine und der Widerstand des zu bearbeitenden Werkstückes zu überwinden. Diese sind im Verhältnis zu den Umsteuerkräften gering. Das vom Motor während des gleichmäßigen Arbeits- und Rückganges abzugebende Drehmoment und die hierzu notwendige elektrische Leistung sinkt daher sehr stark und erreicht einen konstanten kleinen Wert (Fig. 85—88), gleichzeitig sinken auch die Riemenspannungen (Fig. 81) auf einen, im Vergleich zu den Spannungen während der Umsteuerung, kleinen Wert. Das gleiche gilt von dem Schlupf des Riemens, der von der Riemenzugkraft abhängig ist.

und um 57 vH geringeren Trägheitsmoment (vgl. Zahlentafel 2) in die Maschine eingebaut, so daß die gesamte Masse der umzusteuernden Teile, auf den Stößel reduziert von 214,63 kg sek²/m bzw. 218,59 kg sek²/m mit Meßdose auf 97,5 (bzw. 101,5) kg sek²/m, die theoretische Umsteuerarbeit der Maschine von 0,197 KW. sek ohne und 0,201 KW. sek (vgl. S. 17) mit Meßdose auf 0,088 KW. sek bzw. 0,092 KW. sek fiel. In Fig. 78 ist eine Versuchsreihe (P), die 2½ Jahre nach den Versuchen Fig. 59 gemacht wurde, wiedergegeben, aus der die Ersparnis an Leerlaufarbeit für einen Doppelhub durch den Einbau des leichten Reibungskegels ersichtlich ist. Durch Extrapolation ergibt sich wieder rd. 0,32 KW. sek = 32,6 mkg als wirkliche Umsteuerarbeit bei eisernem Reibungskegel und rd. 0,18 KW. sek = 18,3 mkg bei Magnaliumkegel.

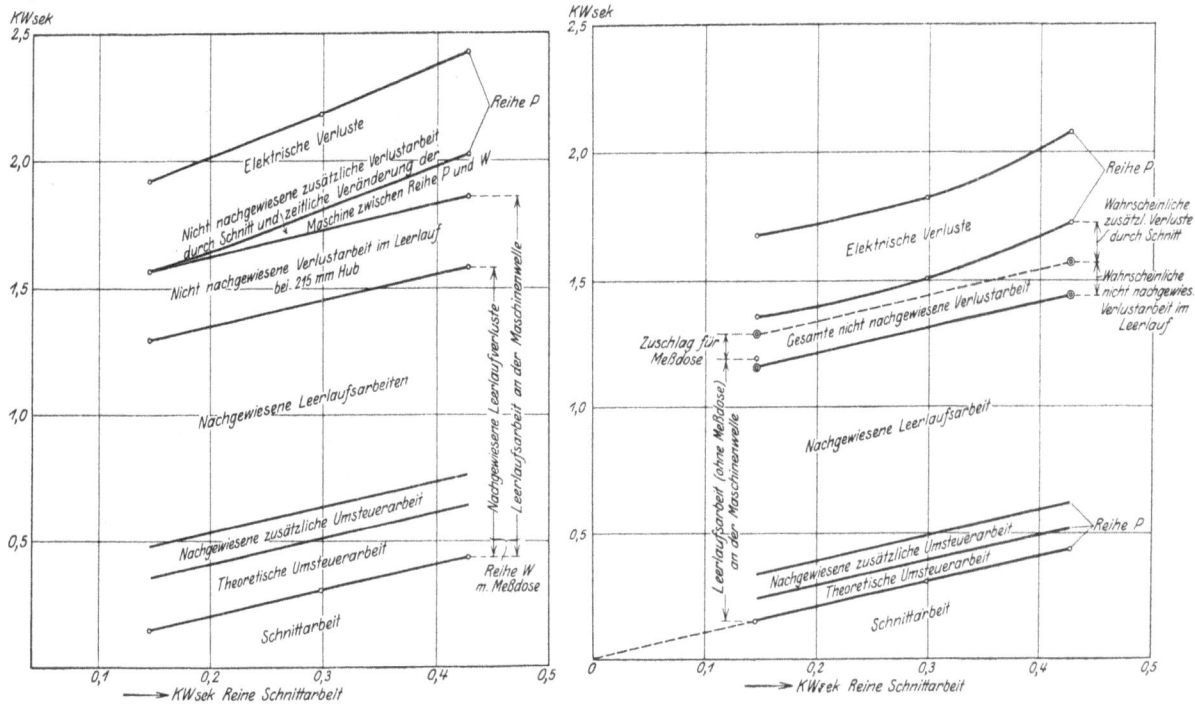

Maschine mit eisernem Reibungskegel und Meßdosenausrüstung                mit Magnaliumkegel und Meßdosenausrüstung

Fig. 91 u. 92. Einfluß des Magnaliumkegels beim Schnitt auf die Bilanz.

O = Versuchswerte.   ⊙ = Rechnungswerte aus anderen Versuchsreihen. 215 mm Hublänge; 174 mm Schnittlänge; (Versuchsreihe P).

## b) Vorschläge für Änderungen.

Aus der Anschauung des Konstrukteurs sowie aus den Formeln (S. 26) ist zu ersehen, daß eine sachgemäße Veränderung der Massen die Beschleunigungen bzw. Verzögerungen für die Maschine günstig beeinflussen kann.

Eine Vergrößerung der Masse $M_R$, (ständig umlaufende Teile, vergl. Zahlentafel 2 B), wird den Geschwindigkeitsabfall verringern, eine Verkleinerung der Masse $M_K$ (Reibungskegel bis Stößel einschließlich) das gleiche zur Folge haben. Damit verringern sich aber auch die vom Motor während der Umsteuerperiode entsprechend dem Drehzahlabfall aus dem Netz zu entnehmenden Stromstöße und, bei günstiger Verteilung der geänderten Massen, auch die Riemenzugkräfte, wie in folgendem gezeigt wird.

### 1. Umgesteuerte, umlaufende und hin- und hergehende Massen ($M_K$).

Die Zahlentafel der kinetischen Energien (Zahlentafel 2) zeigt, daß hier nur der gußeiserne Reibungskegel mit einem Anteil von 95,75 vH der gesamten kinetischen Energie der umgesteuerten Massen einen wesentlichen Einfluß ausüben kann.

An Stelle des gußeisernen Reibungskegels wurde nun ein Kegel aus Magnalium[1]) mit einem um 58 vH geringeren Gewicht

[1]) Wir werden später außer dem sehr standfesten Magnalium mit dem spez. Gewicht 3,4 gegenüber 7,3 des Gußeisens dieselben Versuche auch noch mit Elektron-Leichtmetall ausführen, dessen spez. Gewicht nur 1,5 ist. Ob dieses Metall den stark schleißenwirkenden Umsteuerkräften gewachsen sein wird, muß abgewartet werden.

Es ist dies also nur noch 56 vH der früheren Umsteuerarbeit. Mit Rücksicht auf die durch die Extrapolation aus späteren Versuchen gefundenen Werte für die Umsteuerarbeit ist diese Übereinstimmung gut genug.

In Fig. 79 ist die Hubzeit in Funktion der Hublänge aufgetragen. Es zeigt sich, daß auch der theoretische Zeitverlust infolge der Umsteuerung gegen Linie IV in Fig. 28 fällt.

Ungeänderte Maschine:   Zeitverlust = rd. 0,245 sek ⎱ je Doppelhub
Maschine m. Magnaliumkegel:   „ = „ 0,08 „ ⎰

Gleichzeitig zeigen die Riemen- und KW-Schaubilder für die Maschine in ursprünglicher Anordnung und mit Magnaliumkegel erhebliche Entlastungen des Riemens (Fig. 80—81) bzw. Verminderung der Stromstöße (Fig. 85—88).

Diese Einflüsse sind auch beim Schnitt deutlich erkennbar. Es wurden vergleichende Schnittversuche (215 mm Hublänge, bei 1 mm Spantiefe und 0,5, 1,14 und 1,5 mm Vorschub gemacht. Die Schaulinien des selbstschreibenden Wattmessers (Fig. 89—90) zeigen bereits deutlich den Einfluß der Verringerung der umgesteuerten Massen in den um rd. 50 vH niedrigeren Spitzen.

Die Auswertung und Bilanzierung dieser Versuche ergibt bei gleicher Nutzarbeit eine bedeutend geringere Gesamtarbeit für einen Doppelhub (Fig. 91—92, Zahlentafel 12).

Die Ersparnis an Arbeit wird erhalten durch:
1. Verringerung der Umsteuerarbeit von rd. 0,2 auf 0,09 KW. sek;
2. Verringerung der nicht nachgewiesenen Verluste dabei von rd. 0,44 auf 0,29 KW. sek bei größter Schnittarbeit

und von rd. 0,27 KW. sek auf 0,2 KW. sek bei kleinster Schnittarbeit in Fig. 91—92;
3. Verringerung der Leerlaufsarbeit nach Fig. 78.

Die zugehörigen Wirkungsgrade (Fig. 93) zeigen eine Verbesserung durch die Maschinenänderung um rd. 1,4 bis 3,6 vH.

Da aber der Gesamtwirkungsgrad im ursprünglichen Zustand nur 9,3 ÷ 21,2 vH beträgt, so gibt die Änderung des eisernen Reibungskegels in einem solchen aus Magnalium einen Gewinn von 13 ÷ 21 vH, bezogen auf den ersten Wert (Zahlentafel 12).

### Zahlentafel 12.
Einfluß des Magnalium-Kegels beim Schnitt. (Zu Fig. 91—93).

| Lfd. Nr. | Anordnung | Hublänge mm | Schaltbrett Leistg. KW | Motor Wirk.-grad η | Hubzahl 1/min | Arbeit an Schaltbrett KW.sek | Arbeit an Masch. Welle KW.sek | Spanquerschnitt mm² | Schnittdruck kg | Schnittlänge mm | Nutzarbeit KW.sek | Wirkungsgrad auf Arbeit an Schaltbrett η₁ vH | Wirkungsgrad auf Arbeit an Masch. Welle η₂ vH |
|---|---|---|---|---|---|---|---|---|---|---|---|---|---|
| 1 | 2 | 3 | 4 | 5 | 6 | 7 | 8 | 9 | 10 | 11 | 12 | 13 | 14 |
| 1 | O mit Meßdose | 215 | 0,83 | 0,815 | 26 | 1,92 | 1,56 | 1×0,5 | 85,0 | 174 | 0,145 | 7,55 | 9,3 |
| 2 | | „ | 0,99 | 0,83 | 27,3 | 2,18 | 1,80 | 1×1,14 | 175 | „ | 0,298 | 13,7 | 16,6 |
| 3 | | „ | 1,07 | 0,832 | 26,5 | 2,43 | 2,02 | 1,5×1,14 | 251 | „ | 0,428 | 17,6 | 21,2 |
| 4 | K mit Meßdose | „ | 0,76 | 0,805 | 27,3 | 1,67 | 1,35 | 1×0,5 | 85,0 | „ | 0,145 | 8,7 | 10,7 |
| 5 | | „ | 0,85 | 0,82 | 28 | 1,82 | 1,50 | 1×1,14 | 175 | „ | 0,298 | 16,4 | 19,8 |
| 6 | | „ | 0,935 | 0,828 | 27 | 2,08 | 1,72 | 1,5×1,14 | 251 | „ | 0,427 | 20,6 | 24,8 |

## 2. Ständig umlaufende Teile.
### α) Schwungrad.

Die Anbringung eines Schwungrades an der Motorwelle (vgl. Z. d. Ver. d. Ing. 1904, S. 108) ergibt für die Riemen, wie auch für den Wirkungsgrad kein günstiges Ergebnis, die Schwingungen der Spannrollen, die den Riemenkräften entsprechen, ergeben größere Werte (Fig. 82).

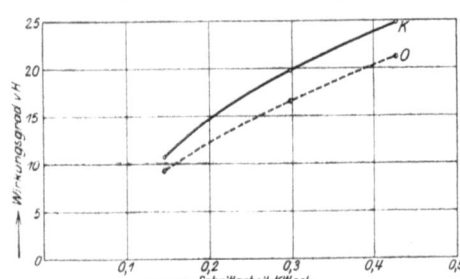

Fig. 93. Einfluß des Magnaliumkegels beim Schnitt auf den Wirkungsgrad, bezogen auf die Arbeit an der Maschinenwelle.
◯ Maschine mit Magnaliumkegel = K
● „ „ eisernem Reibungskegel = O

Das infolge der Verzögerung erzeugte Drehmoment des Schwungrades und die entsprechende Riemenkraft wirken schneller und kräftiger als das durch die Verzögerung erst allmählich steigende Drehmoment des Motors infolge der zugeführten Stromstärke. Jedoch tritt eine erhebliche Entlastung des Motors ein. Es erscheint die Netzbelastung ohne Schwungrad ganz gewaltigen Stößen unterworfen, die auf das Drei- bis Vierfache der Leistung während des gleichmäßigen Vorlaufes und rund das Doppelte der mittleren Belastung steigt.

Berücksichtigt man weiter, daß nach der Untersuchung des selbstschreibenden Wattmessers die Spitzen infolge der Trägheit des Instrumentes um rd. 50 vH zu niedrig geschrieben werden, so werden die Einflüsse noch krasser.

Durch den Einbau des Schwungrades ($R = 21,4$ kg; Zahlentafel 2) an dem Motor wird das Trägheitsmoment des Ankers einschließlich aller ständig umlaufenden Massen von 0,0034 mkg.sek² um 0,0215 mkg.sek² und beim Einsetzen von noch 3 Bleischeiben in das Schwungrad ($R_{I,II,III} = 38,9$ kg; Zahlentafel 2) um 0,034 mk.gsek² vergrößert.

An Stelle des vom Motor aus dem Netz zu entnehmenden Drehmomentes tritt jetzt zum größten Teil das Drehmoment des Schwungrades infolge seiner Verzögerung; die Stromstöße auf das Netz werden erheblich verkleinert (Fig. 94—95).

Dafür steigt aber die mittlere Arbeit für einen Doppelhub an. Dieser Arbeitszuwachs wird zum größten Teil durch die Reibungsarbeit im Schwungradlager erzeugt, wie die Nachrechnung ergibt.

Schwungradwelle . Durchmesser = 4 cm,
Schwungrad . . . Gewicht = 21,4 kg,
Schwungrad mit 1, 2 und 3 Bleischeiben . . . = 27,6 kg; 32,9 kg; 38,9 kg.

$$A \text{ mkg} = \mu \cdot \frac{G \cdot \pi d n}{60} \cdot T$$

$$A \text{ KW.sek} = A \text{ mkg} \cdot \frac{9,81}{1000}$$

$G = $ kg,    $\mu \infty 0,05$,
$n = $ 1/min,    $T = $ sek.
$d = $ m,

Die Reibungsarbeit ergibt sich in Fig. 96—97 als Differenz der Linien K und KR bzw. O und OR. Daraus entnommen ergibt sich als Vergleich von Messung und Rechnung:

Reibungsarbeit in KW. sek/Doppelhub.
Für $\mu = 0,1$    für $\mu = 0,05$

| Hublänge mm | mit eisernem Reibungskegel | | | mit Magnalium-Kegel | | |
|---|---|---|---|---|---|---|
| | gerechnet | gemessen | H/min | gerechnet | gemessen | H/min |
| 50 | 0,08 / 0,04 | 0,04 | 86,5 | 0,068 / 0,034 | 0,022 | 103 |
| 90 | | | | 0,116 / 0,058 | 0,094 | 60 |
| 140 | | | | 0,172 / 0,086 | 0,15 | 40,4 |
| 150 | 0,210 / 0,105 | 0,135 | 33,35 | | | |
| 214 | 0,268 / 0,134 | 0,14 | 26,1 | | | |
| 314 | 0,38 / 0,19 | 0,30 | 18,4 | | | |
| 414 | 0,5 / 0,249 | 0,52 | 14 | | | |

Es liegt offenbar der Reibungskoeffizient des Schwungradlagers in der Nähe von 5 bis 10 vH, da der größte Teil der gerechneten und gemessenen Beobachtungswerte für 90, 140, 314, 414 mm Hub angenähert übereinstimmen.

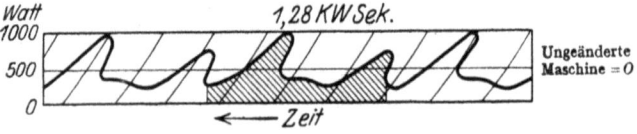

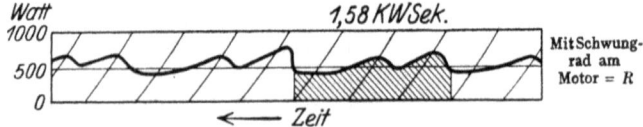

Fig. 94 u. 95. Einfluß des Schwungrades auf das Leistungsschaubild. Leerlauf bei 314 mm Hublänge

In Fig. 96—97 ist der Einfluß des Schwungrades auf den Arbeitsverbrauch der Maschine, bezogen auf die Antriebswelle, dargestellt, und zwar für die ursprüngliche Anordnung (O), Versuche M 1911, und für Magnaliumkegel (K), Versuche W 1913. In beiden Reihen ergibt das Schwungrad einen Arbeitszuwachs. Daß die absoluten Werte der Reihe W höher liegen, ist mit der steigenden Abnutzung der Maschine, die in den Jahren 1911 bis 1920 als Arbeitsmaschine dauernd lief, begründet und durch die Versuche Fr 1920 weiter bestätigt worden.

In Fig. 98 ist der Einfluß des Schwungrades auf die Hubzeiten dargestellt. Da die früheren Versuche diese Frage nicht aufklärten, sondern widersprechende Ergebnisse zeigten (M und W), wurden in Reihe Fr, deren Hubzeit-Hublängelinie

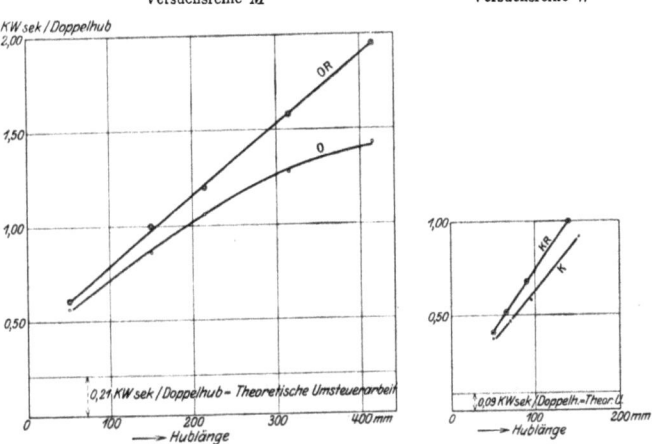

○ Maschine mit eisernem Kegel = O.  ● mit Magnaliumkegel = K.
⊚ mit Schwungrad und Bleischeiben = OR. ⊙ mit Magnaliumkegel und Schwungrad mit Bleischeiben = KR.
Fig. 96 u. 97. Einfluß der Schwungmassen auf die Leerlaufarbeit an der Maschinenwelle.

(vgl. Fig. 28) gut mit dem Mittelwert, Linie I, der anderen Reihen, übereinstimmt, besondere Versuche dafür gemacht, deren Erebnisse als Mittel aus je 10 Beobachtungen in Fig. 98 dargestellt sind. Es zeigt sich ein geringes Anwachsen der Hubzeiten, deren Erklärung ist:

Ohne Schwungrad erfährt der Motor während der Umsteuerperiode einen sehr starken Abfall an der Drehzahl. Die

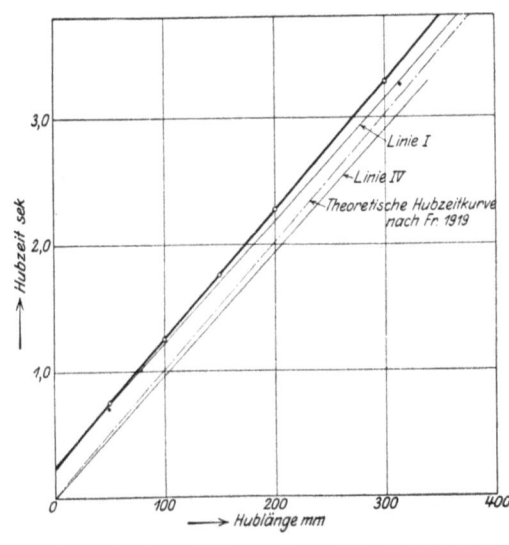

—○— Maschine mit Schwungrad am Motor (Versuche Fr 1919).
—●— Maschine mit Schwungrad am Motor (Versuche M 1911).
—·— Maschine ohne Schwungrad: Linie I bzw. IV, aus Fig. 28.
—·—·— Theoretische Linie (Fr 1920) ohne Umsteuerverluste.
Fig. 98. Einfluß des Schwungrades auf die Hubzeit-Hublängelinie.

mittlere Drehzahl von 1460/min, die den Hubzeiten zugrunde gelegt ist, setzt sich zusammen aus der niedrigen Drehzahl während der Umsteuerperioden und der entsprechend größeren Drehzahl während des gleichmäßigen Vor- und Rücklaufes.

Mit Schwungrad wird der Abfall der Drehzahl des Motors während der Umsteuerperiode wesentlich geringer. Die Drehzahl des Motors während der Zeit des gleichmäßigen Vor- und Rücklaufes wird also fast genau mit der mittleren Drehzahl des Motors (1460/min) übereinstimmen.

Zieht man nun in Fig. 98 die theoretische Hubzeitlinie IV aus Fig. 28 und die entsprechende Linie der Reihe Fr für 1460 Umdrehungen/min des Motors, so zeigt sich, daß diese

beiden Linien auseinander laufen, daß also die mittlere Drehzahl des Motors scheinbar kleiner als 1460/min ist. Die Verluste liegen im Riemenschlupf.

Der Verlust an Zeit infolge der Umsteuerung mit Schwungrad ist durch Extrapolieren gefunden gleich 0,23 sek.

Die Beschleunigungswege und -zeiten aus dem Zeit-Wegschaubild (Versuchsreihe Fr) ergeben mit Schwungrad die in Zahlentafel 13 erhaltenen Werte.

Es zeigt sich im Vergleich mit der Zahlentafel 5, daß namentlich die Beschleunigungswege $s_b$ und Zeiten $t_b$ kürzer werden, das heißt die Wirkung des Schwungrades tritt sehr energisch in Erscheinung.

**Zahlentafel 13.**
Einfluß des Schwungrades mit 3 Bleischeiben auf Umsteuerwege und -zeiten.

| Hub-länge L mm | Wege mm | | | | Zeiten sek. | | | | Bemerkung |
|---|---|---|---|---|---|---|---|---|---|
| | $s_{bA}$ | $s_{vA}$ | $s_{bR}$ | $s_{vR}$ | $t_{bA}$ | $t_{vA}$ | $t_{bR}$ | $t_{vR}$ | |
| 400 | 24 | 7,5 | 34,7 | 12 | 0,166 | 0,0625 | 0,199 | 0,046 | Ermittelt aus je 3 Weg-Zeit Linien bzw. Weg-Geschw. u. Zeit-Geschw.-Schaulinien |
| 300 | 25 | 8,0 | 36,8 | 11,2 | 0,191 | 0,065 | 0,197 | 0,051 | |
| 200 | 20 | 7,8 | 40,5 | 11,0 | 0,173 | 0,067 | 0,240 | 0,055 | |
| 150 | 21,2 | 7,5 | 41,1 | 11,2 | 0,196 | 0,073 | 0,241 | 0,065 | |
| Mittel | 22,5 | 7,7 | 38,3 | 11,4 | 0,181 | 0,067 | 0,219 | 0,054 | |

### β) Riemenscheiben.

Der Versuch, das Schwungrad auf der Motorwelle anzubringen, erwies sich mit Berücksichtigung aller Umstände als für die Maschine selbst ungünstig oder brachte mindestens keinen Vorteil.

Wenn man dagegen die Massen der beiden Riemenscheiben B und $F_1 F_2$ (Fig. 9) durch aufgeschraubte schmiedeeiserne Schwungscheiben vergrößert, so zeigt sich eine günstigere Wirkung, da die bei der Umsteuerung auftretenden Stöße mehr als vorher durch die Riemenscheiben aufgenommen werden und nur zum kleineren Teil durch die Riemen gehen müssen.

Die sicher günstige Einwirkung einer Schwungmassenvermehrung an den Riemenscheiben auf die Verminderung der Umsteuerarbeit und die Milderung der von den Riemen sonst allein aufzunehmenden Stöße konnte nicht vollständig verfolgt werden, weil die Konstruktion der vorhandenen Maschine an dieser Stelle keinen Raum zur Unterbringung größerer Schwungmassen zur Verfügung hatte. Dies könnte man aber leicht bei einer neuen Maschine berücksichtigen. So wirksam wie ein

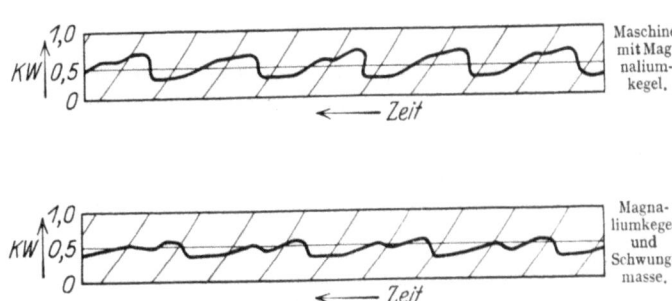

Fig. 99 u. 100. Einfluß der Schwungmassen in der Riemenscheibe B auf das Leistungsschaubild; 214 mm Hublänge. Leerlauf.

Schwungrad auf der Motorwelle können aber die in den Riemenscheiben angebrachten Zusatzmassen schon deshalb nicht sein, weil die großen Übersetzungen ins Langsame zwischen Motor und Riemenscheibenwelle die Schwungmomente stark verkleinern und daher einen durchgreifenden Einfluß beeinträchtigen werden.

Der günstige Einfluß der Schwungmassen ist aus den Riemenschaubildern (Fig. 83) und den Leistungsschaulinien (Fig. 99—100) zu ersehen, bei denen durch den Einbau der Schwungmassen an der Scheibe B der Ausschlag der Spannrollen bzw. der Stromstoß bedeutend verringert wird (bezüglich Stromstoß vgl. Zahlentafel 14).

**Zahlentafel 14.**
Einfluß der Schwungmassen auf die Stromstöße.

| Hub-länge L mm | Anordnung der Maschine | Versuch M Nr. | KW-[1]) Anzeige max KW | KW-[1]) Anzeige min KW | Stromstoß KW | Verringerung des Stromst. vH |
|---|---|---|---|---|---|---|
| 414 | Magnalium Konus | 190 | 0,72 | 0,35 | 0,37 | 32,5 |
|     | desgl. + Schwungmasse | 202 | 0,65 | 0,40 | 0,25 |  |
| 314 | Magnalium Konus | 191 | 0,70 | 0,35 | 0,35 | 34,3 |
|     | desgl. + Schwungmasse | 203 | 0,65 | 0,42 | 0,23 |  |
| 214 | Magnalium Konus | 192 | 0,75 | 0,40 | 0,35 | 34,3 |
|     | desgl. + Schwungmasse | 204 | 0,65 | 0,42 | 0,23 |  |
| 150 | Magnalium Konus | 193 | 0,75 | 0,40 | 0,35 | 28,5 |
|     | desgl. + Schwungmasse | 205 | 0,65 | 0,40 | 0,25 |  |

[1]) Bei Beurteilung dieser Zahlenwerte ist nicht zu übersehen, daß infolge der Kleinheit der KW-Diagramme die Meßfehler hier gegenüber den andern Auswertungen sehr hoch liegen werden.

arbeit als Ordinate und die reine Nutzarbeit gleich dem Produkt aus Stahldruck und Schnittlänge, beides für einen Doppelhub, als Abszisse aufgetragen worden. Das Schaubild nach Versuchsreihe M stellt die Arbeitsbilanz für eine Hublänge von 205 mm (173 mm Schnittlänge) dar und vergleicht die ursprüngliche ungeänderte Anordnung der Maschine mit der geänderten. Es ist infolgedessen die Schnittarbeit in beiden Fällen dieselbe, während sich sowohl die theoretische Umsteuerarbeit wie die Verluste durch Umsteuerarbeit infolge des Einbaues des leichten Reibungskegels usw. ändern, und zwar bedeutend geringer werden. Den günstigen Einfluß der Änderungen an der Maschine auf den Wirkungsgrad zeigt Fig. 103 und Zahlentafel 15; die Riemenschaulinien Fig. 84, S. 28, und die KW-Schaulinien des selbstschreibenden Wattmessers, Fig. 104 u. 105 vervollständigen das Bild.

### 3. Anbringung von Pufferfedern.

Endlich bietet sich noch ein anderer Weg zur Verringerung der Umsteuerverluste, indem man nämlich Pufferfedern an den Hubbegrenzungen anbringt, die am Ende eines Hubes die

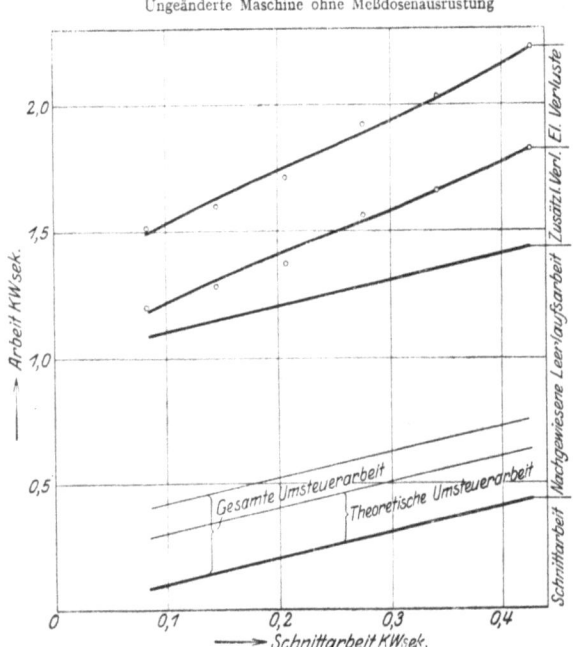
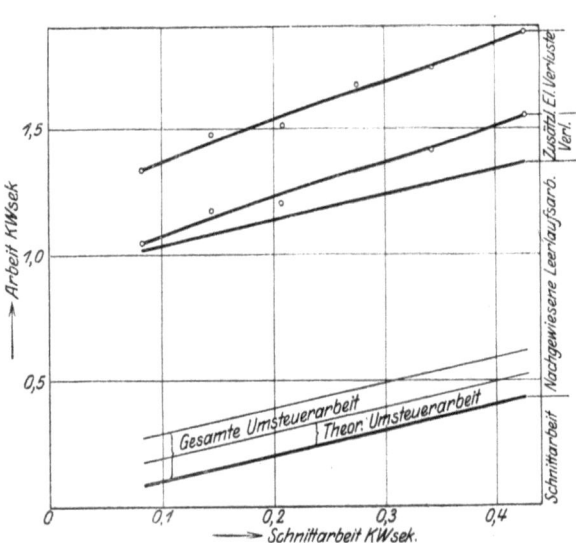

Fig. 101 u. 102. Einfluß sämtlicher konstruktiver Änderungen auf das Bilanzschaubild beim Schnitt. 173 mm Schnittlänge.

Diese beiden günstigen Einflüsse: Vermehrung der ständig umlaufenden und Verminderung der umgesteuerten Massen, wurden an der Maschine, soweit wie angängig, vereinigt und die Bilanzierung der aufgenommenen Arbeit vorgenommen. Zum Vergleich sind in Fig. 101 u. 102 die Gesamtarbeiten bei der gleichen Schnittlänge von 173 mm der Maschine in der ursprünglichen Anordnung und der mit Schwungrad und drei Bleischeiben auf der Motorwelle, Schwungmassen in Riemenscheibe B und Magnalium-Reibungskegel ausgestatteten Maschine nebeneinandergestellt worden und die Einzelarbeiten und Verluste bestimmt worden. Die Leerlaufverluste sind aus Leerlaufsversuchen errechnet. Es ist wie in Fig. 69—71 die Brutto-

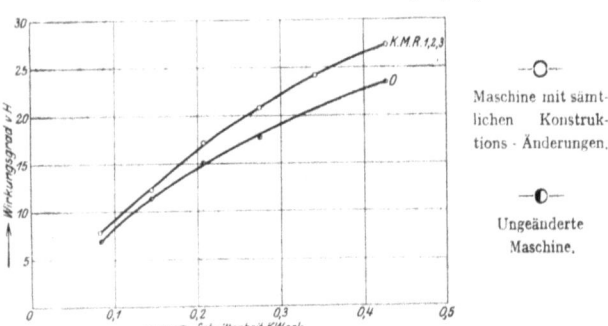

Fig. 103. Einfluß sämtlicher Konstruktionsänderungen auf den Wirkungsgrad bezogen auf die Arbeit an der Maschinenwelle.

kinetische Energie elastisch aufnehmen und am Anfang des nächsten Hubes wieder abgeben sollen. Der harte Stoß wird dann in elastischen verändert. Die Grenzen, in denen eine solche Energieaufnahme möglich ist, ergeben sich aus folgender Überlegung:

Da die kinetische Energie in der Hauptsache in dem Reibungskegel enthalten ist, die Pufferkraft also erst durch die Zahnstangen auf den Stößel übertragen werden muß, darf die größte zulässige Pufferkraft höchstens gleich dem Stahldruck sein, für den die Maschine gebaut ist; sonst würden durch den Pufferstoß die Zähne der Zahnstange zerbrechen. Gibt man den Pufferfedern Vorspannung, so nähert man sich einem Höchstwert der aufzuspeichernden Energie = Stahldruck · Umsteuerweg, wobei zu beachten ist, daß die Umsteuerzeit aus betriebstechnischen Rücksichten möglichst klein gehalten werden muß. Bei der vorliegenden Maschine (Höchststahldruck = ∞ 400 kg, Umsteuerweg im Mittel 9 mm) ergibt sich ein größtes Energieaufnahmevermögen von 3,6 mkg gegenüber dem berechneten Energiegehalt von $2,815 \cdot \left(\dfrac{15,44}{9,72}\right)^2 = 7,1$ mkg aller umgesteuerten Massen beim Rücklauf. Es erscheint also immer noch eine Verminderung der umgesteuerten Massen wünschenswert, abgesehen davon, daß mit dem Energieaufnahmevermögen die Kosten und der Platzbedarf der Puffereinrichtung wachsen. Da die Rücklaufgeschwindigkeit erheblich höher ist als die Vorlaufgeschwindigkeit, steht am Ende des Rücklaufes mehr Energie zum Wiederanfahren zur Verfügung als aufgenommen werden kann, so daß also ein Teil vernichtet werden muß. Andererseits zeigt es sich als vorteilhaft, am Ende des Vorlaufs mehr Energie aufzuspeichern als der notwendigen Bewegungsenergie entspricht. Es muß dann die Feder bereits zusammengedrückt werden, während die Vorlaufscheibe noch gekuppelt ist. Denn die Energieaufspeicherung in der Feder und die Wiederabgabe beim Anfahren geschieht theoretisch verlustlos, während die Beschleunigung einer

Ungeänderte Maschine

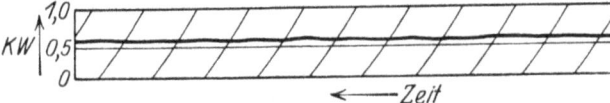

Maschine mit sämtlichen konstruktiven Änderungen

Fig. 104 u. 105. Einfluß sämtlicher konstruktiven Änderungen auf das Leistungsschaubild beim Schnitt.

205 mm Hublänge
173 mm Schnittlänge
1 × 0,25 mm² Spanquerschnitt.

Masse von Null bis zur Arbeitsgeschwindigkeit durch einen mit ständig gleicher Geschwindigkeit laufenden Riemen immer mit Gleiten — also Arbeitsverlust — verbunden ist.

Die auf den ersten Anblick überraschende Tatsache, daß die Wiedergewinnung der geringen Energiemenge am Ende des Vorlaufs die größte Ersparnis bringt, erklärt sich aus (Fig. 34—45) dem langen Beschleunigungswege bei Beginn des Rücklaufs und den entsprechend hohen Spitzen der KW-Schaubilder, außerdem aber durch folgende Überlegung:

Nimmt man an, daß die Feder am Ende des Vorlaufes die volle lebendige Energie der umgesteuerten Teile $\frac{M_{red} v_A^2}{2}$ aufnimmt, so gibt sie (theoretisch verlustlos) bei Beginn des Rücklaufes dieselbe Energie an die Teile zurück. Da die zur Beschleunigung der umgesteuerten Teile beim Rücklauf nötige Arbeit = $M_{red} \cdot \frac{v_R^2}{2}$ und

$$M_{red} \frac{v_R^2}{2} > M_{red} \frac{v_A^2}{2},$$

so hat der Antrieb beim Beginn des Rücklaufes noch her zu geben:

$$A_1' = M_{red} \left( \frac{v_R^2}{2} - \frac{v_A^2}{2} \right) > 0.$$

Nimmt aber umgekehrt die zweite Feder am Ende des Rücklaufes die volle lebendige Kraft $M_{red} \frac{v_R^2}{2}$ auf, die sie beim folgenden Vorlauf abgeben wird, so ist, da die Beschleunigungsarbeit = $M_{red} \frac{v_A^2}{2}$ ist, ein Zuviel

$$A_2' = M_{red} \left( \frac{v_R^2}{2} - \frac{v_A^2}{2} \right)$$

vorhanden. Dieser Überschuß wird dazu dienen, die Reibungsarbeiten des Stößels und der umlaufenden Teile zu überwinden und den Riemen und Motor zu entlasten, der Rest des Überschusses wird die umgesteuerten Teile über $v_A$ hinaus beschleunigen wollen, muß also wieder im Reibungskegel, der nur $v_A$ erzeugen kann, vernichtet werden.

An der untersuchten Maschine war es konstruktiv nicht möglich, Federn in ausreichenden Abmessungen seitlich oder rückwärts am Stößel bzw. Anschlag anzubringen. Es blieb daher, um den Versuch durchführen zu können, weiter nichts übrig, als den Werkzeugkopf abzunehmen und nach Fig. 106 u. 107 vorn eine Anschlagstange anzubringen. Die durch Gegenmuttern gesicherten Federanschlagmuttern gestatteten eine Einstellung nach der Hublänge und nach der gewünschten Federzusammendrückung. Bei der praktischen Ausführung müßten die Federanschläge, die über dem Stößel wohl Platz hätten, mit den Anschlägen für den Umschalthebel verbunden werden.

Die KW-Schaubilder (Fig. 108) zeigen die Ersparnisse, die durch Einschalten der Pufferfedern bei den verschiedenen Zuständen der Maschine und einer Hublänge von 60 mm gemacht wurden. Die gesamte Ersparnis durch Magnaliumkegel, Schwungmasse und Federn beträgt 0,79 − 0,51 = 0,28 KW, also 35 vH der gesamten Leerlaufleistung von 0,79 KW der ungeänderten Maschine. Die Ersparnis sinkt naturgemäß bei größerer Hublänge ungefähr im umgekehrten Verhältnis der Hublänge.

## Zusammenfassung.

Betrachtet man den Einfluß der untersuchten Konstruktionsänderungen, so ergibt sich:

### Zahlentafel 15.

Maschine mit sämtlichen konstruktiven Änderungen beim Schnitt.

| Lfd. Nr. | Anordnung | Versuch Z. | Versuch Nr. | Hublänge mm | Schaltbrett Leistg. KW | Wirkungsgrad vH | Hubzahl min | Arbeit an Schaltbrett KW.sek | Arbeit an Masch.-Welle KW.sek | Spanquerschnitt mm² | Schnittdruck kg | Schnittlänge mm | Nutzarbeit KW.sek | Wirkungsgrad bezogen a. Arbeit an Schaltbrett vH | Wirkungsgrad bezogen a. Arbeit an a.Welle vH |
|---|---|---|---|---|---|---|---|---|---|---|---|---|---|---|---|
| 1 | 2 | 3 | 4 | 5 | 6 | 7 | 8 | 9 | 10 | 12 | 13 | 14 | 15 | 16 | 17 |
| 1 | Schnitt {K, S, R_{1-3}} | M | 266 | 205 | 0,575 | 0,768 | 28,2 | 1,22 | 0,94 | 0 × 0 | | | | | |
| 2 | | | 267 | | 0,62 | 0,78 | 28,0 | 1,33 | 1,04 | 0,25 × 1 | 48,6 | 173 | 0,0825 | 6,2 | 7,95 |
| 3 | | | 268 | | 0,685 | 0,792 | 27,9 | 1,47 | 1,17 | 0,5 × 1 | 85 | | 0,144 | 9,8 | 12,3 |
| 4 | | | 269 | | 0,70 | 0,795 | 27,8 | 1,51 | 1,20 | 0,75 × 1 | 122 | | 0,207 | 13,7 | 17,2 |
| 5 | | | 270 | | 0,78 | 0,81 | 28,0 | 1,67 | 1,35 | 1 × 1 | 161,9 | | 0,275 | 16,5 | 20,8 |
| 6 | | | 271 | | 0,80 | 0,812 | 27,6 | 1,74 | 1,41 | 1 × 1,25 | 201 | | 0,341 | 19,6 | 24,2 |
| 7 | | | 272 | | 0,86 | 0,82 | 27,4 | 1,88 | 1,54 | 1 × 1,5 | 230 | | 0,391 | 21,1 | 25,7 |

Das Schwungrad auf der Motorwelle ($R$) (bei Einzelantrieb bzw. auf der Deckenvorgelegewelle bei Transmissionsbetrieb), verstärkt durch die Bleischeiben ($R_1$, $R_2$, $R_3$), verringert die Höchstbelastung des Motors erheblich, ändert

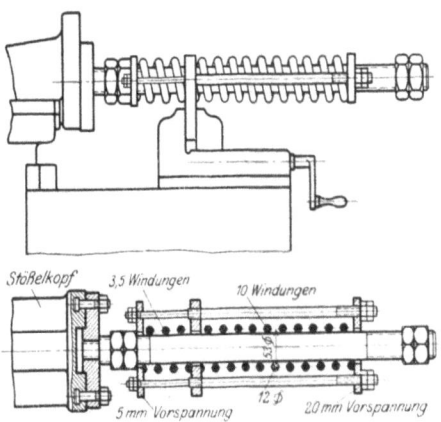

Fig. 106 u. 107. Federpuffereinrichtung für Versuchszwecke.

wenig an der größten Riemenbelastung, ja vergrößert sie sogar, erhöht aber die mittlere Leerlaufleistung infolge der Zunahme der Lagerreibung der Motorwelle. Es dürfte sich daher empfehlen, das Schwungradgewicht soweit zu beschränken, daß es durch das hintere Motorlager selbst ohne Zuhilfenahme eines besonderen Schwungradlagers fliegend getragen werden kann, und durch Wahl eines großen Durchmessers bei möglichst geringem Gewicht das Trägheitsmoment möglichst zu erhöhen.

In gleichem Sinne wirken die Schwungscheiben an der Riemenscheibe $B$, aber mit geringerem Erfolg wegen der niedrigen Drehzahl, die sich auch durch Gewichtserhöhung nicht wesentlich ausgleichen läßt. Doch bieten sie den Vorzug, daß sie den Riemen schonen, weil sie unmittelbar auf die Reibungskupplung wirken.

In jeder Richtung, und zwar in erheblichem Maße günstig, wirkt der leichte Magnaliumreibungskegel. Er verringert die Umsteuerarbeit um mehr als die Hälfte und vermindert die Höchstbelastung, wie auch die mittlere Belastung des Motors und Riemens. Es erscheint demnach als das in der Praxis bei großen Maschinen bereits erfolgreich angestrebte Ziel jeder Stoß- und Hobelmaschinenkonstruktion, mit allen Mitteln die Bewegungsenergie der umgesteuerten kreisenden Massen, vor allem also des Reibungskegels (oder der Antriebsscheibe bei Riemenumsteuerung) zu beschränken.

Aus Fig. 108 geht hervor, daß die Zusammenstellung

$SKF =$ Schwungmasse $+$ Magnaliumkegel $+$ Pufferfedern

bei einem bestimmten Hube (60 mm) die absolut geringste Motorleistung (0,51 KW) benötigt, und daß dabei die Leistungs- und die Riemenschaulinien sehr gleichmäßig und mit geringen Ausbuchtungen fast wie ein Fräsmaschinenschaubild verlaufen. Damit sind die Richtlinien für die Konstrukteure gegeben, um an der vorhandenen Maschine die notwendigen Verbesserungen am Triebwerk vorzunehmen, und es wäre sehr zu begrüßen, wenn eine unserer deutschen tüchtigen Wagerecht-Stoßmaschinenfabriken die veröffentlichten Ergebnisse zum Bau einer solchen Maschine benutzen würde.

Daß es zweckmäßig ist, das Gewicht des Maschinengestelles groß zu halten, sowie jede Verschwächung seiner Starrheit, etwa durch Anbringung großer und womöglich einseitiger Öffnungen (Tür), zu vermeiden, braucht kaum besonders betont zu werden.

| Zustand der Maschine | | Motorleistung bei 60 mm Hublänge in KW | Ersparnis durch Pufferfedern in KW | Leistungsschaubilder |
|---|---|---|---|---|
| Maschine im ursprünglichen Zustande. | $O$ | 0,79 | | 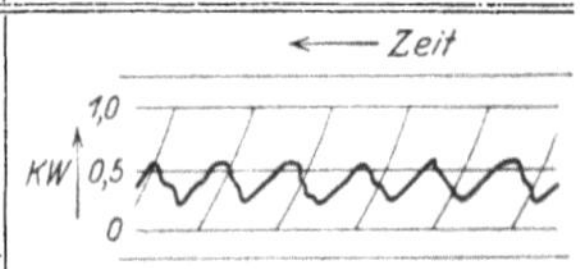 |
| Desgl., doch mit hinzugefügten Pufferfedern | $OF$ | 0,59 | 0,2 | 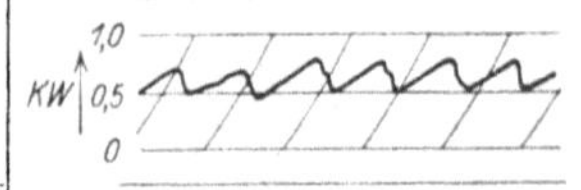 |
| Schwungrad auf Motorwelle mit allen 3 Bleischeiben eingesetzt | $R_3$ | 1,1 | | 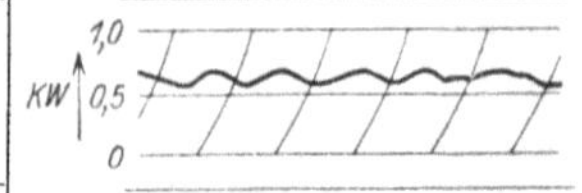 |
| Desgl. mit Pufferfedern | $R_3F$ | 0,8 | 0,3 | 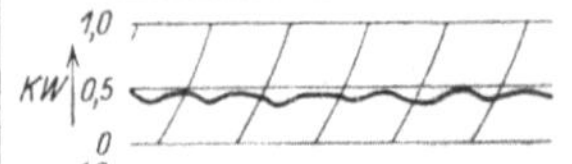 |
| Schwungrad mit 3 Bleischeiben, Schwungmasse in Riemenscheibe $B$ | $R_3S$ | 1,2 | | 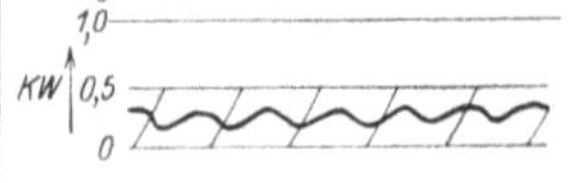 |
| Desgl. mit Pufferfedern | $R_3SF$ | 0,8 | 0,4 | 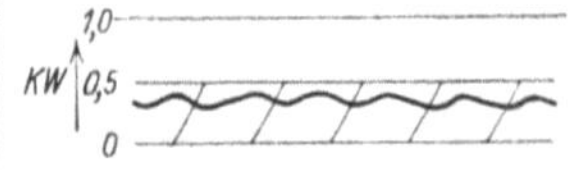 |
| Schwungrad mit 3 Bleischeiben, Schwungmasse in $B$, leichter Magnaliumreibungskegel | $R_3SK$ | 0,9 | | 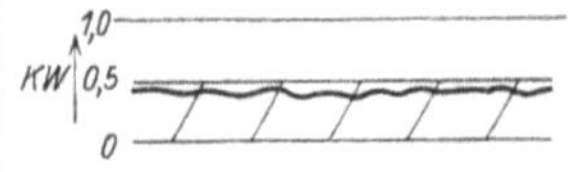 |
| Desgl. mit Pufferfedern | $R_3SKF$ | 0,72 | 0,18 | 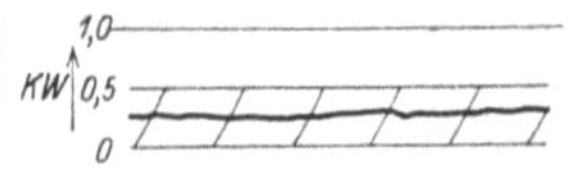 |
| Schwungmasse in Riemenscheibe $B$, leichter Magnaliumreibungskegel | $SK$ | 0,7 | | 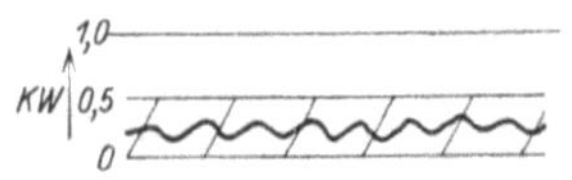 |
| Desgl. mit Pufferfedern | $SKF$ | 0,51 | 0,19 | 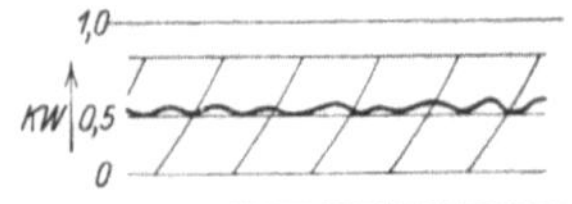 |

Fig. 108.

Berichte des Versuchsfeldes für Werkzeugmaschinen an der Technischen Hochschule Berlin
Herausgegeben von Prof. Dr.-Ing. Georg Schlesinger, Charlottenburg

### Heft 1
Vorbericht
## Das Versuchsfeld und seine Einrichtungen
I. Fachbericht
## Untersuchung einer Drehbank mit Riemenantrieb
Von

Dr.-Ing. G. Schlesinger

Professor an der Technischen Hochschule zu Berlin

Mit 46 Textfiguren — 1912 — Preis M. 1.20

### Heft 2
## Azetylen-Sauerstoff-Schweißbrenner
Seine Wirkungsweise und seine Konstruktionsbedingungen

Von

Dipl.-Ing. Ludwig

Mit 39 Textfiguren — 1912 — Preis M. 1.60

### Heft 3
## Untersuchungen an Preßluftwerkzeugen
Von

Dr.-Ing. Rudolf Harm

Mit 38 Textfiguren

## Der deutsche (metrische) Bohrkegel für Fräsdorne
Von

Dr.-Ing. G. Schlesinger

Professor an der Technischen Hochschule zu Berlin

Mit 36 Textfiguren — 1913 — Preis M. 2.—

### Heft 4
## Forschung und Werkstatt
I.
### Untersuchung von Spreizringkuppelungen
Von

Prof. Dr.-Ing. G. Schlesinger

Mit 115 Textfiguren

II.
### Schmierölprüfung für den Betrieb
Von

Prof. Dr.-Ing. G. Schlesinger   und   Dr.-techn. M. Kurrein

Vergriffen

Zu den angegebenen Preisen der angezeigten älteren Bücher treten Verlagsteuerungszuschläge, über die die Buchhandlungen und der Verlag gern Auskunft erteilen.

Verlag von Julius Springer in Berlin W 9

## Verlag von Julius Springer in Berlin W 9

**Die Werkzeugmaschinen,** ihre neuzeitliche Durchbildung für wirtschaftliche Metallbearbeitung. Ein Lehrbuch von Professor **Fr. W. Hülle,** Oberlehrer an den Staatl. Vereinigten Maschinenbauschulen in Dortmund. Vierte, verbesserte Auflage. Mit 1020 Abbildungen im Text und auf Textblättern, sowie 15 Tafeln. Unveränderter Neudruck. 1920. Gebunden Preis M. 102.—

**Die Grundzüge der Werkzeugmaschinen und der Metallbearbeitung.** Von Professor **Fr. W. Hülle** in Dortmund. In zwei Bänden. Dritte, vermehrte Auflage.
Erster Band: **Der Bau der Werkzeugmaschinen.** Mit 240 Textabbildungen. 1920. Preis M. 27.—
Zweiter Band: **Die wirtschaftliche Ausnutzung der Werkzeugmaschinen in der Metallbearbeitung.** In Vorbereitung

**Handbuch der Fräserei.** Kurzgefaßtes Lehr- und Nachschlagebuch für den allgemeinen Gebrauch. Gemeinverständlich bearbeitet von **Emil Jurthe** und **Otto Mietzschke,** Ingenieure. Fünfte, durchgesehene und vermehrte Auflage. Mit 395 Abbildungen, Tabellen und einem Anhang über Konstruktion der gebräuchlichsten Zahnformen bei Stirn- und Kegelrädern sowie Schnecken- und Schraubenrädern. 1919. Gebunden Preis M. 18.—

**Die Schneidstähle,** ihre Mechanik, Konstruktion und Herstellung. Von Dipl.-Ing. **Eugen Simon.** Zweite, vollständig umgearbeitete Auflage. Mit 545 Textfiguren. 1919. Preis M. 6.—

**Der Dreher als Rechner.** Wechselräder-, Touren-, Zeit- und Konusberechnung in einfachster und anschaulichster Darstellung, darum zum Selbstunterricht wirklich geeignet. Von **E. Busch.** Mit 28 Textfiguren. 1919. Gebunden Preis M. 8.40

**Die Dreherei und ihre Werkzeuge in der neuzeitlichen Betriebsführung.** Von Betriebs-Oberingenieur **W. Hippler.** Zweite, erweiterte Auflage. Mit 319 Textfiguren. 1919. Gebunden Preis M. 16.—

**Lehrgang der Härtetechnik.** Von Studienrat Dipl.-Ing. **Johann Schiefer** und Fachlehrer **E. Grün.** Zweite, vermehrte und verbesserte Auflage. Mit 192 Textfiguren. 1921. Preis M. 38.—; gebunden M. 44.—

**Härte-Praxis.** Von Carl Scholz. 1920. Preis M. 4.—

**Die praktische Nutzanwendung der Prüfung des Eisens durch Ätzverfahren und mit Hilfe des Mikroskopes.** Kurze Anleitung für Ingenieure insbesondere Betriebsbeamte. Von Dr.-Ing. **E. Preuß** (†). Zweite, vermehrte und verbesserte Auflage, herausgegeben von Professor Dr. **G. Berndt** und Ingenieur **A. Cochius.** Mit 153 Figuren im Text und auf 1 Tafel. 1921. Preis M. 14.—; gebunden M. 18.40

**Grundlagen und Geräte technischer Längenmessungen.** Von Professor Dr. **G. Berndt** und Dr. **H. Schulz** in Charlottenburg. Mit 218 Textfiguren. 1921. Preis M. 48.—; gebunden M. 54.—

**Lagermetalle und ihre technologische Bewertung.** Ein Hand- und Hilfsbuch für den Betriebs-, Konstruktions- und Materialprüfungsingenieur. Von Oberingenieur **J. Czochralski** in Frankfurt a. M. und Dr.-Ing. **G. Welter.** Mit 130 Textabbildungen. 1920. Preis M. 9.—; gebunden M. 12.—

**Die Verfestigung der Metalle durch mechanische Beanspruchung.** Die bestehenden Hypothesen und ihre Diskussion. Von Professor Dr. **H. W. Fraenkel,** Privatdozent an der Universität Frankfurt a. M. Mit 9 Textfiguren und 2 Tafeln. 1920. Preis M. 6.—

**Konstruktion und Material im Bau von Dampfturbinen und Turbodynamos.** Von Dr.-Ing. **O. Lasche,** Direktor der AEG. Zweite Auflage. Mit 345 Textabbildungen. 1921. Gebunden Preis M. 70.—

**Das schmiedbare Eisen,** Konstitution und Eigenschaften. Von Professor Dr.-Ing. **Paul Oberhoffer** in Breslau. Mit 345 Textfiguren und 1 Tafel. 1920. Preis M. 40.—; gebunden M. 45.—

**Austauschbare Einzelteile im Maschinenbau.** Die technischen Grundlagen für ihre Herstellung. Von Oberingenieur **O. Neumann.** Mit 78 Textabbildungen. 1919. Preis M. 7.—; gebunden M. 9.—

**Die Bearbeitung von Maschinenteilen nebst Tafel zur graphischen Bestimmung der Arbeitszeit.** Von **E. Hoeltje** in Hagen i. W. Zweite, erweiterte Auflage. Mit 349 Textfiguren und 1 Tafel. 1920. Preis M. 12.—

**Maschinenelemente.** Leitfaden zur Berechnung und Konstruktion für technische Mittelschulen, Gewerbe- und Werkmeisterschulen, sowie zum Gebrauche in der Praxis. Von Ingenieur **Hugo Krause.** Dritte, vermehrte Auflage. Mit 380 Textfiguren. 1920. Gebunden Preis M. 15.—

**Einzelkonstruktionen aus dem Maschinenbau.** Herausgegeben von Ingenieur **C. Volk** in Berlin.
Erstes Heft: **Die Zylinder ortsfester Dampfmaschinen.** Von **H. Frey** in Berlin. Mit 109 Textfiguren. 1912. Preis M. 2.40
Zweites Heft: **Kolben.** I. Dampfmaschinen- und Gebläsekolben. Von **C. Volk** in Berlin. II. Gasmaschinen- und Pumpenkolben. Von **A. Eckardt** in Deutz. Mit 247 Textfiguren. 1912. Preis M. 4.—
Drittes Heft: **Zahnräder.** I. Teil. Stirn- und Kegelräder mit geraden Zähnen. Von Professor Dr. **A. Schiebel** in Prag. Zweite, vermehrte und verbesserte Auflage. Mit 132 Textfiguren. Erscheint Ende Sommer 1921
Viertes Heft: **Kugellager.** Von Ingenieur **W. Ahrens** in Winterthur. Mit 134 Textfiguren. 1913. Preis M. 4.40
Fünftes Heft: **Zahnräder.** II. Teil. Räder mit schrägen Zähnen. Von Professor Dr. **A. Schiebel** in Prag. Zweite Auflage. Mit etwa 116 Textfiguren. In Vorbereitung
Sechstes Heft: **Schubstangen und Kreuzköpfe.** Von Oberingenieur **H. Frey.** Mit 117 Textfiguren. 1913. Preis M. 1.60

**Werkstatts-Technik.** Zeitschrift für Fabrikbetrieb und Herstellungsverfahren. Herausgegeben von Professor Dr.-Ing. **G. Schlesinger** in Charlottenburg. Jährlich 24 Hefte. Vierteljährlich Preis M. 15.—

Zu den angegebenen Preisen der angezeigten älteren Bücher treten Verlagsteuerungszuschläge, über die die Buchhandlungen und der Verlag gern Auskunft erteilen.

Berichte des Versuchsfeldes für Werkzeugmaschinen an der Technischen Hochschule Berlin
Herausgegeben von Prof. Dr.-Ing. Georg Schlesinger, Charlottenburg

### Heft 1
Vorbericht
## Das Versuchsfeld und seine Einrichtungen
I. Fachbericht
## Untersuchung einer Drehbank mit Riemenantrieb
Von
Dr.-Ing. G. Schlesinger
Professor an der Technischen Hochschule zu Berlin
Mit 46 Textfiguren — 1912 — Preis M. 1,20

### Heft 2
## Azetylen-Sauerstoff-Schweißbrenner
Seine Wirkungsweise und seine Konstruktionsbedingungen
Von
Dipl.-Ing. Ludwig
Mit 39 Textfiguren — 1912 — Preis M. 1,60

### Heft 3
## Untersuchungen an Preßluftwerkzeugen
Von
Dr.-Ing. Rudolf Harm
Mit 38 Textfiguren
## Der deutsche (metrische) Bohrkegel für Fräsdorne
Von
Dr.-Ing. G. Schlesinger
Professor an der Technischen Hochschule zu Berlin
Mit 36 Textfiguren — 1913 — Preis M. 2.—

### Heft 4
## Forschung und Werkstatt
I.
Untersuchung von Spreizringkuppelungen
Von
Prof. Dr.-Ing. G. Schlesinger
Mit 115 Textfiguren

II.
Schmierölprüfung für den Betrieb
Von
Prof. Dr.-Ing. G. Schlesinger   und   Dr.-techn. M. Kurrein
Vergriffen

Zu den angegebenen Preisen der angezeigten älteren Bücher treten Verlagsteuerungszuschläge, über die die Buchhandlungen und der Verlag gern Auskunft erteilen.

Verlag von Julius Springer in Berlin W 9

If you have any concerns about our products,
you can contact us on
**ProductSafety@springernature.com**

In case Publisher is established outside the EU,
the EU authorized representative is:
**Springer Nature Customer Service Center GmbH
Europaplatz 3, 69115 Heidelberg, Germany**

Printed by Libri Plureos GmbH
in Hamburg, Germany